数字资源索引

资源使用说明：

1. 扫描封面二维码，注意每个码只可激活一次；

2. 长按弹出界面的二维码关注“交通教育出版”微信公众号并自动绑定资源；

3. 公众号弹出“购买成功”通知，点击“查看详情”，进入后即可查看资源；

4. 也可进入“交通教育出版”微信公众号，点击下方菜单“用户服务—图书增值”，选择已绑定的教材进行观看。

序号	资源名称	资源类型	所在页码
1	测试计划模板	文本	2
2	测试报告模板	文本	5

目录

学习任务一　功能测试基本原理与测试运用

开发团队已经完成了智能小车的手动控制功能开发,你作为功能测试工程师,现在需要对开发团队提交的工作产品进行测试。

信息

请阅读教材中的“相关知识”,在表1-1中补充完成功能测试的主要测试活动,并填写每个测试活动要完成的主要任务。

测试活动与任务　　表1-1

序号	测试活动	主要任务
1		
2		
3		
4		
5		
6		
7		

计划

(1)请各小组根据表1-2所示的测试计划表格式,制订合理计划。

智能小车手动控制功能测试计划表　　表1-2

<table>
<tr><th>序号</th><th>工作步骤</th><th>环境/工具</th><th>组织形式</th><th>计划工时(h)</th></tr>
<tr><td></td><td></td><td></td><td></td><td></td></tr>
<tr><td></td><td></td><td></td><td></td><td></td></tr>
<tr><td></td><td></td><td></td><td></td><td></td></tr>
<tr><td></td><td></td><td></td><td></td><td></td></tr>
<tr><td></td><td></td><td></td><td></td><td></td></tr>
<tr><td></td><td></td><td></td><td></td><td></td></tr>
<tr><td colspan="2">完成本次任务的重点、难点、风险点识别</td><td colspan="3"></td></tr>
<tr><td colspan="2">工作规范</td><td colspan="3"></td></tr>
<tr><td colspan="2">时间:</td><td colspan="2">小组名称:</td><td>学生:</td></tr>
</table>

(2)根据教材中学习情境的描述,进行需求分析,小组使用张贴板进行讨论,初步完成被测功能及测试资源评估,并将结果填入表1-3中。

被测功能及测试资源评估　　表1-3

<table>
<tr><td rowspan="4">被测功能</td><td colspan="2"></td></tr>
<tr><td colspan="2"></td></tr>
<tr><td colspan="2"></td></tr>
<tr><td colspan="2"></td></tr>
<tr><td rowspan="3">测试资源</td><td>人员</td><td></td></tr>
<tr><td>时间</td><td></td></tr>
<tr><td>智能小车资源</td><td></td></tr>
</table>

(3)根据测试计划模板,小组讨论,编写并提交智能小车手动控制功能测试计划。

测试计划模板

决策

(1)在工作计划中,需要明确工作步骤的规范要求及约束条件,请在表1-4中补充完成工作流程规范卡,明确工作规范。

要求:小组头脑风暴,使用思维导图工具完成规范收集。

工作流程规范卡　　表1-4

<table>
<tr><td>课程</td><td colspan="2"></td><td>项目</td><td></td><td>姓名</td><td></td></tr>
<tr><td>班级</td><td colspan="2"></td><td>时间</td><td colspan="3"></td></tr>
<tr><td>序号</td><td>工作步骤</td><td colspan="3">工作规范</td><td colspan="2">约束条件</td></tr>
<tr><td></td><td></td><td colspan="3"></td><td colspan="2" rowspan="6"></td></tr>
<tr><td></td><td></td><td colspan="3"></td></tr>
<tr><td></td><td></td><td colspan="3"></td></tr>
<tr><td></td><td></td><td colspan="3"></td></tr>
<tr><td></td><td></td><td colspan="3"></td></tr>
<tr><td></td><td></td><td colspan="3"></td></tr>
</table>

(2)根据工作流程规范,结合更新信息(如有),小组讨论,修订并提交智能小车功能测试计划。

(3)请各小组代表依次展示测试计划表及工作流程规范卡,小组交叉评分,填写并完成表1-5。

决策表　　　　表 1-5

工作任务			小组			时间	
			小组成员				
序号	合理性	经济性	可操作性	实施难度	实施时间	安全环保	计划确定
第一组	□优 □中 □差	□优 □中 □差	□优 □中 □差	□优 □中 □差	□优 □中 □差	□优 □中 □差	
第二组	□优 □中 □差	□优 □中 □差	□优 □中 □差	□优 □中 □差	□优 □中 □差	□优 □中 □差	
第三组	□优 □中 □差	□优 □中 □差	□优 □中 □差	□优 □中 □差	□优 □中 □差	□优 □中 □差	
第四组	□优 □中 □差	□优 □中 □差	□优 □中 □差	□优 □中 □差	□优 □中 □差	□优 □中 □差	
第五组	□优 □中 □差	□优 □中 □差	□优 □中 □差	□优 □中 □差	□优 □中 □差	□优 □中 □差	
计划简要说明							

实施

（1）请在表 1-6 中识别智能小车的被测系统、系统环境和无关系统环境。

识别测试项　　　　表 1-6

序号	识别项	请识别并填入对应编号： 1—被测系统； 2—系统环境； 3—无关系统环境
1	驾驶程序对外接口	
2	数据保护法规	
3	触摸显示屏	
4	智能小车主板	
5	手动驾驶程序	
6	智能小车用户	

(2)表 1-7 展示了智能小车手动驾驶程序的测试项,请找出其中的功能测试项。

识别功能测试项 表 1-7

序号	典型缺陷	是不是功能测试项
1	按下"I"键,智能小车可前进一步	□
2	按住"Shift"键,同时按下",",键,智能小车可持续前进	□
3	智能小车应该能够连续 3 小时正常工作	□
4	前进时,智能小车的速度不得低于 2m/s	□
5	按下"Q"键,可增加 10% 的线速度和角速度	□
6	智能小车可以在塑胶路面上行驶,也可以在沙漠路面上行驶	□

(3)根据教材中关于智能小车手动控制功能的需求描述,小组展开讨论,在测试计划的基础上,利用思维导图进一步细化测试条件。将识别的测试条件填入表 1-8 中,并按优先级排序。

测试条件 表 1-8

序号	测试条件	优先级 0—高;1—中;2—低
1		
2		
3		
4		
5		
6		
7		
8		
9		
10		
11		
12		
13		
14		
15		
16		
17		
18		
19		
20		
21		
22		
23		

(4)小组展开讨论,识别环境准备项,并将环境准备条件填入表1-9中。

测试环境准备项 表1-9

序号	环境准备项
1	
2	
3	
4	
5	
6	

(5)个人任务:根据测试项及测试环境准备项,在测试管理系统中完成测试用例设计。

(6)个人任务:在测试管理系统中,对小组内另一名成员的测试用例进行评审,提交评审结果。

(7)抽查任务:老师随机抽取2组同学的测试用例及评审进行点评。

(8)个人任务:根据评审意见及上课点评信息,小组同学修复测试用例缺陷。

(9)完成测试环境配置,确认测试环境准备完成,并填写表1-10。

测试环境确认表 表1-10

序号	环境准备项	确认完成	备注及其他
1	智能小车电量充足(大于40%)	□	
2	智能小车成功启动(进入待运行模式)	□	
3	被测应用成功启动	□	
4	智能小车 Wi-Fi 可接入;控制计算机成功接入智能小车 Wi-Fi	□	
5	控制计算机终端成功接入智能小车系统	□	
6	控制键可操作	□	
学生(签名):			

(10)执行测试用例,将执行结果录入测试管理系统。如发现缺陷,请提交缺陷报告。

测试报告模板

(11)个人任务:按照给定测试报告模板,根据测试分析结果,完成并提交测试报告。

检查

(1)请确认在工作中是否按表1-11中的规范执行。

工作过程检查表

表 1-11

序号	规范	检查项	是否符合	备注
1	测试计划模板	测试计划按模板要求编写并已提交	□	
2	测试用例规范	测试用例按用例规范要求编写	□	
3	缺陷报告规范	缺陷报告按缺陷报告规范要求编写	□	
4	智能小车操作规范	使用前已检查各部件安装是否正确,连线是否松动	□	
5		使用 220V 电源进行充电	□	
6		没有带电操作	□	
7		智能小车没有接触液体	□	
8		智能小车在使用后关闭电源,并放回指定位置	□	
9	测试报告模板	测试报告按测试报告模板要求编写并已提交	□	

(2)请对照表 1-12 进行工作提交项检查。

工作提交项检查表

表 1-12

序号	提交项	是否已提交	备注
1	测试计划	□	
2	测试用例	□	
3	用例评审结果	□	
4	测试执行结果	□	
5	缺陷报告	□	
6	测试报告	□	

(3)如果在工作过程中出现故障,请及时排除,并将相应情况记录在表 1-13 中。

工作故障记录表

表 1-13

序号	故障现象	排查过程	解决方法
1			
2			
3			
4			
5			

评估

(1)根据学生信息收集的完成情况,在表 1-14 中进行评分。

信息收集评估记录表 表 1-14

姓名	学号	班级		日期	
任务			分数	比重	评分
信息-识别功能测试项				1	

说明:根据学生完成情况,以百分制进行评分:优秀为 90 ~ 100 分,良好为 80 ~ 89 分,中等为 70 ~ 79 分,合格为 60 ~ 69 分,不合格为 60 分以下。

(2)工作过程评分。

①根据学生工作过程的完成情况,在表 1-15 中进行评分,包括计划、决策、实施、规范检查各环节。

工作过程评估记录表 表 1-15

姓名		学号	班级	日期	
一、计划 & 决策 & 实施				评分等级为 10—9—7—5—3—0	
序号	评分项目		学生自评	教师评分	对学生自评的评分
1	工作计划表				
2	测试计划				
3	工作流程规范卡				
4	测试条件分析				
5	测试用例设计				
6	用例评审				
7	测试执行				
8	测试报告				
9	组内合作				
结果					
二、规范检查				评分等级为 10—9—7—5—3—0	
序号	评分项目		学生自评	教师评分	对学生自评的评分
1	智能小车使用规范检查				
2	用例规范性检查				
3	提交缺陷有效性				
结果					

说明:学生自评、教师评分均为十分制,评分等级为 10—9—7—5—3—0;“对学生自评的评分”表示学生自评和教师评分的偏差,如果无偏差得 10 分,偏差一级得 9 分,偏差二级得 5 分,偏差三级及其以上得 0 分;最终结果只统计教师评分和对学生自评的评分,且为每

一项相加。

②根据表1-15的评分结果,填写表1-16,计算出工作过程的最终得分。

工作过程评分表 表1-16

序号	评分组	结果	因子	得分（中间值）	系数	得分
1	计划&决策&实施(教师评分)		0.9		0.4	
2	计划&决策&实施(对学生自评的评分)		0.9		0.1	
3	规范检查(教师评分)		0.3		0.4	
4	规范检查(对学生自评的评分)		0.3		0.1	
评分						

说明:中间值得分=结果÷因子,是将结果分换算成百分制。

(3)在表1-17中完成学习情境“智能小车手动控制功能测试”的总评估。

学习情境总评估表 表1-17

序号	评估项目	分数	比重	评分
1	信息收集		0.2	
2	工作过程		0.8	
总分				

学习任务二　等价类边界值方法与测试运用

开发团队已经完成了智能小车的目标跟随功能开发,你作为功能测试工程师,现在需要对开发团队提交的工作产品进行测试。

信息

(1)请阅读教材中的“相关知识”,完成下述功能的等价类划分和边界值选取。

某带薪年假系统的年假计算规则如下:

①职工累计工作已满 1 年不满 10 年的,年休假为 5 天;

②已满 10 年不满 20 年的,年休假为 10 天;

③已满 20 年的,年休假为 15 天。

针对职工工作年限的输入项进行等价类划分,并给每个等价类取一个代表值,填入表 2-1 中。

等价类划分　　表 2-1

等价类	细分类	代表值
有效等价类		
无效等价类		

(2)在等价类划分的基础上,根据二值边界法,在表 2-2 中完成代表值的选取。

边界值选取　　表 2-2

等价类	细分类	代表值
有效等价类		
无效等价类		

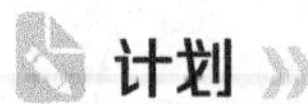

计划

(1)请各小组根据表 2-3 所示的测试计划表格式,制订合理计划。

智能小车目标跟随功能测试计划表 表 2-3

序号	工作步骤	环境/工具	组织形式	计划工时(h)
完成本次任务的重点、难点、风险点识别				
工作规范				
时间:	小组名称:		学生:	

(2)根据教材中学习情境的描述,进行需求分析,小组使用张贴板进行讨论,初步完成被测功能及测试资源评估,并将结果填入表 2-4 中。

被测功能及测试资源评估 表 2-4

被测功能		
测试资源	人员	
	时间	
	智能小车资源	

决策

(1)在工作计划中,需要明确工作步骤的规范要求及约束条件,请在表 2-5 中补充完成工作流程规范卡,明确工作规范。

要求:小组头脑风暴,使用思维导图工具完成规范收集。

工作流程规范卡 表 2-5

课程		项目		姓名	
班级		时间			
序号	工作步骤	工作规范		约束条件	

(2)根据工作流程规范,结合更新信息(如有),小组讨论,修订并提交智能小车功能测试计划。

(3)请各小组代表依次展示测试计划表及工作流程规范卡,小组交叉评分,填写并完成表2-6。

决策表 表2-6

工作任务		小组			时间	
		小组成员				
序号	合理性	经济性	可操作性	实施难度	实施时间	安全环保	计划确定
第一组	□优 □中 □差	□优 □中 □差	□优 □中 □差	□优 □中 □差	□优 □中 □差	□优 □中 □差	
第二组	□优 □中 □差	□优 □中 □差	□优 □中 □差	□优 □中 □差	□优 □中 □差	□优 □中 □差	
第三组	□优 □中 □差	□优 □中 □差	□优 □中 □差	□优 □中 □差	□优 □中 □差	□优 □中 □差	
第四组	□优 □中 □差	□优 □中 □差	□优 □中 □差	□优 □中 □差	□优 □中 □差	□优 □中 □差	
第五组	□优 □中 □差	□优 □中 □差	□优 □中 □差	□优 □中 □差	□优 □中 □差	□优 □中 □差	
计划简要说明							

实施

(1)个人任务:根据教材中智能小车目标跟随功能需求描述,针对智能小车与跟随物体距离在表2-7中进行等价类划分,并使用二值边界法,选取代表值。

目标跟随功能等价类边界值表 表2-7

输入[小车与跟随物体距离(单位:m)]			输出(智能小车运动方向)
等价类	细分等价类	代表值(距离)	期望结果
有效			

续上表

输入[小车与跟随物体距离(单位:m)]			输出(智能小车运动方向)
等价类	细分等价类	代表值(距离)	期望结果
无效			

(2)小组展开讨论,识别环境准备项,并将环境准备条件填入表2-8中。

测试环境准备项 表2-8

序号	环境准备项
1	
2	
3	
4	
5	
6	

(3)个人任务:根据测试项及测试环境准备项,在测试管理系统中完成测试用例设计。

(4)抽查任务:老师随机抽取2组同学的测试用例进行点评。

(5)个人任务:根据上课点评信息,小组同学修复测试用例缺陷。

(6)完成测试环境配置,确认测试环境准备完成,并在表2-9中填写确认单。

测试环境确认表 表2-9

序号	环境准备项	确认完成	备注及其他
1	智能小车电源完好(有电)	□	
2	智能小车成功启动(进入待运行模式)	□	
3	被测应用成功启动	□	
4	控制App已接入智能小车	□	
5	目标物体已准备到位	□	
6	钢尺已准备完成(测距用)	□	
学生(签名):			

(7)执行测试用例,将执行结果录入测试管理系统。如发现缺陷,请提交缺陷报告。

检查

(1)请确认在工作中是否按表2-10中的规范执行。

工作过程检查表 表 2-10

序号	规范	检查项	是否符合	备注
1	等价类/边界值方法覆盖原则	达到 100% 覆盖要求	□	
2	测试用例编写规范	测试用例按用例规范要求编写	□	
3	缺陷报告编写规范	缺陷报告按缺陷报告规范要求编写	□	
4	智能小车操作规范	使用前已检查各部件安装是否正确,连线是否松动	□	
5		使用 220V 电源进行充电	□	
6		没有带电操作	□	
7		智能小车没有接触液体	□	
8		智能小车在使用后关闭电源,并放回指定位置	□	

(2)请对照表 2-11 进行工作提交项检查。

工作提交项检查表 表 2-11

序号	提交项	是否已提交	备注
1	测试用例	□	
2	测试执行结果	□	
3	缺陷报告	□	

(3)如果在工作过程中出现故障,请及时排除,并将相应情况记录在表 2-12 中。

工作故障记录表 表 2-12

序号	故障现象	排查过程	解决方法
1			
2			
3			
4			
5			

评估

(1)根据学生信息收集的完成情况,在表 2-13 中进行评分。

信息收集评估记录表 表 2-13

<table>
<tr><td>姓名</td><td>学号</td><td colspan="2">班级</td><td colspan="2">日期</td></tr>
<tr><td></td><td></td><td colspan="2"></td><td colspan="2"></td></tr>
<tr><td colspan="3">任务</td><td>分数</td><td>比重</td><td>评分</td></tr>
<tr><td colspan="3">信息-带薪年假计算功能的测试用例设计</td><td></td><td>1</td><td></td></tr>
</table>

说明:根据学生完成情况以百分制打分,优秀为 90 ~ 100 分,良好为 80 ~ 89 分,中等为 70 ~ 79 分,合格为 60 ~ 69 分,不合格为 60 分以下。

(2)工作过程评分。

①根据学生工作过程的完成情况,在表 2-14 中进行评分,包括计划、决策、实施、规范检查各环节。

工作过程评估记录表 表 2-14

姓名		学号	班级	日期	
一、计划 & 决策 & 实施				评分等级为 10—9—7—5—3—0	
序号	评分项目		学生自评	教师评分	对学生自评的评分
1	工作计划表				
2	工作流程规范卡				
3	测试分析				
4	测试用例设计				
5	测试执行				
6	组内合作				
结果					
二、规范检查				评分等级为 10—9—7—5—3—0	
序号	评分项目		学生自评	教师评分	对学生自评的评分
1	智能小车使用规范检查				
2	用例规范性检查				
3	提交缺陷有效性				
结果					

说明:学生自评、教师评分均为十分制,评分等级为 10—9—7—5—3—0;"对学生自评的评分"表示学生自评和教师评分的偏差,如果无偏差得 10 分,偏差一级得 9 分,偏差二级得 5 分,偏差三级及其以上得 0 分;最终结果只统计教师评分和对学生自评的评分,且为每一项相加。

②根据表 2-14 的评分结果,填写表 2-15,计算出工作过程的最终得分。

工作过程评分表 表 2-15

序号	评分组	结果	因子	得分(中间值)	系数	得分
1	计划 & 决策 & 实施(教师评分)		0.6		0.4	
2	计划 & 决策 & 实施(对学生自评的评分)		0.6		0.1	
3	规范检查(教师评分)		0.3		0.4	
4	规范检查(对学生自评的评分)		0.3		0.1	
评分						

说明：中间值得分 = 结果 ÷ 因子，是将结果分换算成百分制。

(3) 在表 2-16 中完成学习情境“智能小车目标跟随功能测试”的总评估。

学习情境总评估表　　表 2-16

序号	评估项目	分数	比重	评分
1	信息收集		0.3	
2	工作过程		0.7	
总分				

学习任务三　判定表方法与测试运用

开发团队已经完成了智能小车在红绿灯控制下的智能巡线功能(模式一)开发,你作为功能测试工程师,现在需要对开发团队提交的工作产品进行测试。

信息

(1)请阅读教材中的“相关知识”,完成下述功能的判定表设计,并生成测试用例。

杭州某电商公司邮费管理系统的邮费计算规则如下:

①如果寄送地点在本市,那么1kg以内包邮,超出1kg的部分按超出规则计费;

②如果寄送地址是外市,但是还在本省,则1kg以内快件12元,慢件10元,超出1kg的,超出部分按照超出规则计费;

③如果寄送的地址是外省,则1kg以内快件15元,慢件13元,超出1kg的,超出部分按照超出规则计费;

④如果寄送的地址是港澳台地区,则不发货;

⑤超出规则计费将直接调用对应的计算方法,不在此展开。

提示:

- 寄送地点不需要用布尔值,可用枚举法列出:港澳台/本市/本省外市/外省。
- 超出规则计费可作为一种计算方法,不用详细展开论述。

计划

(1)请各小组根据表3-1所示的测试计划表格式,制订合理计划。

智能小车在红绿灯控制下的智能巡线功能(模式一)测试计划表　　表3-1

序号	工作步骤	环境/工具	组织形式	计划工时(h)
完成本次任务的重点、难点、风险点识别				
工作规范				
时间:		小组名称:		学生:

（2）根据教材中学习情境的描述，进行需求分析，小组使用张贴板进行讨论，初步完成被测功能及测试资源评估，并将结果填入表 3-2 中。

被测功能及测试资源评估 表 3-2

<table>
<tr><td colspan="2">被测功能</td><td></td></tr>
<tr><td rowspan="3">测试资源</td><td>人员</td><td></td></tr>
<tr><td>时间</td><td></td></tr>
<tr><td>智能小车资源</td><td></td></tr>
</table>

决策

（1）在工作计划中，需要明确工作步骤的规范要求及约束条件，请在表 3-3 中补充完成工作流程规范卡，明确工作规范。

要求：小组头脑风暴，使用思维导图工具完成规范收集。

工作流程规范卡 表 3-3

<table>
<tr><td>课程</td><td colspan="2"></td><td>项目</td><td></td><td>姓名</td><td></td></tr>
<tr><td>班级</td><td colspan="2"></td><td>时间</td><td colspan="3"></td></tr>
<tr><td>序号</td><td>工作步骤</td><td colspan="3">工作规范</td><td colspan="2">约束条件</td></tr>
<tr><td></td><td></td><td colspan="3"></td><td colspan="2" rowspan="4"></td></tr>
<tr><td></td><td></td><td colspan="3"></td></tr>
<tr><td></td><td></td><td colspan="3"></td></tr>
<tr><td></td><td></td><td colspan="3"></td></tr>
</table>

（2）根据工作流程规范，结合更新信息（如有），小组讨论，修订并提交智能小车功能测试计划。

（3）请各小组代表依次展示测试计划表及工作流程规范卡，小组交叉评分，填写并完成表 3-4。

决策表 表 3-4

<table>
<tr><td rowspan="2">工作任务</td><td colspan="2" rowspan="2"></td><td>小组</td><td colspan="2"></td><td rowspan="2">时间</td><td rowspan="2"></td></tr>
<tr><td>小组成员</td><td colspan="2"></td></tr>
<tr><td>序号</td><td>合理性</td><td>经济性</td><td>可操作性</td><td>实施难度</td><td>实施时间</td><td>安全环保</td><td>计划确定</td></tr>
<tr><td>第一组</td><td>□优
□中
□差</td><td>□优
□中
□差</td><td>□优
□中
□差</td><td>□优
□中
□差</td><td>□优
□中
□差</td><td>□优
□中
□差</td><td rowspan="2"></td></tr>
<tr><td>第二组</td><td>□优
□中
□差</td><td>□优
□中
□差</td><td>□优
□中
□差</td><td>□优
□中
□差</td><td>□优
□中
□差</td><td>□优
□中
□差</td></tr>
</table>

续上表

序号	合理性	经济性	可操作性	实施难度	实施时间	安全环保	计划确定
第三组	□优 □中 □差	□优 □中 □差	□优 □中 □差	□优 □中 □差	□优 □中 □差	□优 □中 □差	
第四组	□优 □中 □差	□优 □中 □差	□优 □中 □差	□优 □中 □差	□优 □中 □差	□优 □中 □差	
第五组	□优 □中 □差	□优 □中 □差	□优 □中 □差	□优 □中 □差	□优 □中 □差	□优 □中 □差	
计划简要说明							

实施

（1）个人任务：根据教材中智能小车在红绿灯控制下的智能巡线功能（模式一）需求描述，针对小车对道路的偏移方向及红绿灯控制，设计相应的判定表。

（2）小组展开讨论，识别环境准备项，并将环境准备条件填入表3-5中。

测试环境准备项 表3-5

序号	环境准备项
1	
2	
3	
4	
5	

（3）个人任务：根据测试项及测试环境准备项，在测试管理系统中完成测试用例设计。

（4）抽查任务：老师随机抽取2组同学的测试用例进行点评。

（5）个人任务：根据上课点评信息，小组同学修复测试用例缺陷。

（6）完成测试环境配置，确认测试环境准备完成，并在表3-6中填写确认单。

测试环境确认表　　表 3-6

序号	环境准备项	确认完成	备注及其他
1	巡线道路已平铺在地上,线路图上没有遮挡物	□	
2	可被识别的红绿灯设备已就位	□	
3	智能小车电源完好(有电)	□	
4	智能小车成功启动(进入待运行模式)	□	
5	被测应用成功启动	□	
学生(签名):			

(7)执行测试用例,将执行结果录入测试管理系统。如发现缺陷,请提交缺陷报告。

检查

(1)请确认在工作中是否按表 3-7 中的规范执行。

工作过程检查表　　表 3-7

序号	规范	检查项	是否符合	备注
1	判定表覆盖原则	达到 100% 覆盖要求	□	
2	测试用例规范	测试用例按用例规范要求编写	□	
3	缺陷报告规范	缺陷报告按缺陷报告规范要求编写	□	
4	智能小车操作规范	使用前已检查各部件安装是否正确,连线是否松动	□	
5		使用 220V 电源进行充电	□	
6		没有带电操作	□	
7		智能小车没有接触液体	□	
8		智能小车在使用后关闭电源,并放回指定位置	□	

(2)请对照表 3-8 进行工作提交项检查。

工作提交项检查表　　表 3-8

序号	提交项	是否已提交	备注
1	测试用例	□	
2	测试执行结果	□	
3	缺陷报告	□	

(3)如果在工作过程中出现故障,请及时排除,并将相应情况记录在表 3-9 中。

工作故障记录表　　表 3-9

序号	故障现象	排查过程	解决方法
1			
2			
3			
4			
5			

评估

(1)根据学生信息收集的完成情况,在表 3-10 中进行评分。

信息收集评估记录表　　表 3-10

<table>
<tr><td>姓名</td><td colspan="2">学号</td><td>班级</td><td colspan="2">日期</td></tr>
<tr><td></td><td colspan="2"></td><td></td><td colspan="2"></td></tr>
<tr><td colspan="3">任务</td><td>分数</td><td>比重</td><td>评分</td></tr>
<tr><td colspan="3">信息-电商邮费计算功能的测试用例设计</td><td></td><td>1</td><td></td></tr>
</table>

说明:根据学生完成情况以百分制打分,优秀为 90 ~ 100 分,良好为 80 ~ 89 分,中等为 70 ~ 79 分,合格为 60 ~ 69 分,不合格为 60 分以下。

(2)工作过程评分。

①根据学生工作过程的完成情况,在表 3-11 中进行评分,包括计划、决策、实施、规范检查各环节。

工作过程评估记录表　　表 3-11

<table>
<tr><td colspan="2">姓名</td><td>学号</td><td>班级</td><td colspan="2">日期</td></tr>
<tr><td colspan="2"></td><td></td><td></td><td colspan="2"></td></tr>
<tr><td colspan="4">一、计划 & 决策 & 实施</td><td colspan="2">评分等级为 10—9—7—5—3—0</td></tr>
<tr><td>序号</td><td colspan="2">评分项目</td><td>学生自评</td><td>教师评分</td><td>对学生自评的评分</td></tr>
<tr><td>1</td><td colspan="2">工作计划表</td><td></td><td></td><td></td></tr>
<tr><td>2</td><td colspan="2">工作流程规范卡</td><td></td><td></td><td></td></tr>
<tr><td>3</td><td colspan="2">测试分析</td><td></td><td></td><td></td></tr>
<tr><td>4</td><td colspan="2">测试用例设计</td><td></td><td></td><td></td></tr>
<tr><td>5</td><td colspan="2">测试执行</td><td></td><td></td><td></td></tr>
<tr><td>6</td><td colspan="2">组内合作</td><td></td><td></td><td></td></tr>
<tr><td colspan="3">结果</td><td></td><td></td><td></td></tr>
</table>

续上表

二、规范检查				评分等级为 10—9—7—5—3—0
序号	评分项目	学生自评	教师评分	对学生自评的评分
1	智能小车使用规范检查			
2	用例规范性检查			
3	提交缺陷有效性			
结果				

说明：学生自评、教师评分均为十分制，评分等级为 10—9—7—5—3—0；"对学生自评的评分"表示学生自评和教师评分的偏差，如果无偏差得 10 分，偏差一级得 9 分，偏差二级得 5 分，偏差三级及其以上得 0 分；最终结果只统计教师评分和对学生自评的评分，且为每一项相加。

②根据表 3-11 的评分结果，填写表 3-12，计算出工作过程的最终得分。

工作过程评分表 表 3-12

序号	评分组	结果	因子	得分（中间值）	系数	得分
1	计划 & 决策 & 实施（教师评分）		0.6		0.4	
2	计划 & 决策 & 实施（对学生自评的评分）		0.6		0.1	
3	规范检查（教师评分）		0.3		0.4	
4	规范检查（对学生自评的评分）		0.3		0.1	
评分						

说明：中间值得分 = 结果 ÷ 因子，是将结果分换算成百分制。

（3）在表 3-13 中完成学习情境"智能小车在红绿灯控制下的智能巡线功能（模式一）测试"的总评估。

学习情境总评估表 表 3-13

序号	评估项目	分数	比重	评分
1	信息收集		0.3	
2	工作过程		0.7	
总分				

学习任务四　分类树/组合测试方法与测试运用

开发团队已经完成了智能小车在红绿灯控制下的手动行驶/自动避障功能(模式一)开发,你作为功能测试工程师,现在需要对开发团队提交的工作产品进行测试。

信息

请阅读教材中的“相关知识”,完成下述功能的分类树设计,并生成测试用例。

某出差偏好页面主要用来记录员工的出行需求,它有4个选择框,每个选择框提供的选项具体如下:

①目的地:北京、上海、广州、深圳、武汉、西安、成都、重庆;

②舱位:头等舱、公务舱、经济舱;

③座位:靠走廊、靠窗;

④食物偏好:糖尿病餐、无麸质、蛋奶素食、低脂、低糖、严格素食、标准。

从每个选择框中选择一个选项的任意组合都会弹出消息“成功预订”,但其他输入都会弹出消息“无效输入”。

(1)请使用分类树测试技术画出员工出差偏好的分类树。

(2)根据最小组合原则,在问题(1)的基础上绘制分类图并设计测试用例。

(3)根据结对组合原则,在问题(1)的基础上使用PICT工具设计测试用例。

计划

(1)请各小组根据表4-1所示的测试计划表格式,制订合理计划。

智能小车在红绿灯控制下的手动行驶/自动避障功能(模式一)测试计划表　　表4-1

<table>
<tr><th>序号</th><th>工作步骤</th><th>环境/工具</th><th colspan="2">组织形式</th><th>计划工时(h)</th></tr>
<tr><td></td><td></td><td></td><td colspan="2"></td><td></td></tr>
<tr><td></td><td></td><td></td><td colspan="2"></td><td></td></tr>
<tr><td></td><td></td><td></td><td colspan="2"></td><td></td></tr>
<tr><td></td><td></td><td></td><td colspan="2"></td><td></td></tr>
<tr><td colspan="2">完成本次任务的重点、难点、风险点识别</td><td colspan="4"></td></tr>
<tr><td colspan="2">工作规范</td><td colspan="4"></td></tr>
<tr><td colspan="2">时间:</td><td colspan="2">小组名称:</td><td colspan="2">学生:</td></tr>
</table>

（2）根据教材中学习情境的描述，进行需求分析，小组使用张贴板进行讨论，初步完成被测功能及测试资源评估，并将结果填入表4-2中。

被测功能及测试资源评估 表4-2

<table>
<tr><td colspan="2">被测功能</td><td></td></tr>
<tr><td rowspan="3">测试资源</td><td>人员</td><td></td></tr>
<tr><td>时间</td><td></td></tr>
<tr><td>智能小车资源</td><td></td></tr>
</table>

决策

（1）在工作计划中，需要明确工作步骤的规范要求及约束条件，请在表4-3中补充完成工作流程规范卡，明确工作规范。

要求：小组头脑风暴，使用思维导图工具完成规范收集。

工作流程规范卡 表4-3

<table>
<tr><td>课程</td><td colspan="2"></td><td>项目</td><td></td><td>姓名</td><td></td></tr>
<tr><td>班级</td><td colspan="2"></td><td>时间</td><td colspan="3"></td></tr>
<tr><td>序号</td><td>工作步骤</td><td colspan="3">工作规范</td><td colspan="2">约束条件</td></tr>
<tr><td></td><td></td><td colspan="3"></td><td colspan="2" rowspan="4"></td></tr>
<tr><td></td><td></td><td colspan="3"></td></tr>
<tr><td></td><td></td><td colspan="3"></td></tr>
<tr><td></td><td></td><td colspan="3"></td></tr>
</table>

（2）根据工作流程规范，结合更新信息（如有），小组讨论，修订并提交智能小车功能测试计划。

（3）请各小组代表依次展示测试计划表及工作流程规范卡，小组交叉评分，填写并完成表4-4。

决策表 表4-4

<table>
<tr><td rowspan="2">工作任务</td><td colspan="2" rowspan="2"></td><td>小组</td><td colspan="2"></td><td rowspan="2">时间</td><td rowspan="2"></td></tr>
<tr><td>小组成员</td><td colspan="2"></td></tr>
<tr><td>序号</td><td>合理性</td><td>经济性</td><td>可操作性</td><td>实施难度</td><td>实施时间</td><td>安全环保</td><td>计划确定</td></tr>
<tr><td>第一组</td><td>□优
□中
□差</td><td>□优
□中
□差</td><td>□优
□中
□差</td><td>□优
□中
□差</td><td>□优
□中
□差</td><td>□优
□中
□差</td><td rowspan="2"></td></tr>
<tr><td>第二组</td><td>□优
□中
□差</td><td>□优
□中
□差</td><td>□优
□中
□差</td><td>□优
□中
□差</td><td>□优
□中
□差</td><td>□优
□中
□差</td></tr>
</table>

续上表

序号	合理性	经济性	可操作性	实施难度	实施时间	安全环保	计划确定
第三组	□优 □中 □差	□优 □中 □差	□优 □中 □差	□优 □中 □差	□优 □中 □差	□优 □中 □差	
第四组	□优 □中 □差	□优 □中 □差	□优 □中 □差	□优 □中 □差	□优 □中 □差	□优 □中 □差	
第五组	□优 □中 □差	□优 □中 □差	□优 □中 □差	□优 □中 □差	□优 □中 □差	□优 □中 □差	
计划简要说明							

实施

(1)个人任务:根据教材中智能小车在红绿灯控制下的手动行驶/自动避障功能(模式一)需求描述,针对智能小车对红绿灯识别及避障情况,构建相应的分类树。

(2)个人任务:基于步骤(1)构建的分类树,利用结对组合测试原则,在表4-5中完成测试用例参数表设计。

测试用例参数表 表4-5

序号	障碍物情况	红绿灯	手动行驶方向	智能小车预期行驶情况
1				
2				
3				
4				
5				
6				
7				
8				
9				
10				
11				

续上表

序号	障碍物情况	红绿灯	手动行驶方向	智能小车预期行驶情况
12				
13				
14				
15				
16				
17				
18				
19				
20				
21				
22				
23				
24				
25				

(3)小组展开讨论,识别环境准备项,并将环境准备条件填入表4-6中。

测试环境准备项 表4-6

序号	环境准备项
1	
2	
3	
4	
5	
6	

(4)个人任务:根据测试项及测试环境准备项,在测试管理系统中完成测试用例设计。

(5)抽查任务:老师随机抽取2组同学的测试用例进行点评。

(6)个人任务:根据上课点评信息,小组同学修复测试用例缺陷。

(7)完成测试环境配置,确认测试环境准备完成,并在表4-7中填写确认单。

测试环境确认表 表4-7

序号	环境准备项	确认完成	备注及其他
1	可被识别的障碍物(停字牌)已就位	□	
2	可被识别的红绿灯设备已就位	□	

续上表

序号	环境准备项	确认完成	备注及其他
3	智能小车电源完好(有电)	□	
4	智能小车成功启动(进入待运行模式)	□	
5	被测应用成功启动	□	
6	控制 App 已接入智能小车	□	
		学生(签名):	

(8)执行测试用例,将执行结果录入测试管理系统。如发现缺陷,请提交缺陷报告。

检查

(1)请确认在工作中是否按表 4-8 中的规范执行。

工作过程检查表 表 4-8

序号	规范	检查项	是否符合	备注
1	分类树/组合测试覆盖原则	达到 100% 覆盖要求	□	
2	测试用例规范	测试用例按用例规范要求编写	□	
3	缺陷报告规范	缺陷报告按缺陷报告规范要求编写	□	
4	智能小车操作规范	使用前已检查各部件安装是否正确,连线是否松动	□	
5		使用 220V 电源进行充电	□	
6		没有带电操作	□	
7		智能小车没有接触液体	□	
8		智能小车在使用后关闭电源,并放回指定位置	□	

(2)请对照表 4-9 进行工作提交项检查。

工作提交项检查表 表 4-9

序号	提交项	是否已提交	备注
1	测试用例	□	
2	测试执行结果	□	
3	缺陷报告	□	

(3)如果在工作过程中出现故障,请及时排除,并将相应情况记录在表 4-10 中。

工作故障记录表 表 4-10

序号	故障现象	排查过程	解决方法
1			
2			

续上表

序号	故障现象	排查过程	解决方法
3			
4			
5			

评估

(1)根据学生信息收集的完成情况,在表4-11中进行评分。

信息收集评估记录表　　表4-11

姓名	学号	班级	日期

任务	分数	比重	评分
信息-员工出差偏好功能的测试用例设计		1	

说明:根据学生完成情况以百分制打分,优秀为90~100分,良好为80~89分,中等为70~79分,合格为60~69分,不合格为60分以下。

(2)工作过程评分。

①根据学生工作过程的完成情况,在表4-12中进行评分,包括计划、决策、实施、规范检查各环节。

工作过程评估记录表　　表4-12

姓名	学号	班级	日期	
一、计划 & 决策 & 实施			评分等级为10—9—7—5—3—0	
序号	评分项目	学生自评	教师评分	对学生自评的评分
1	工作计划表			
2	工作流程规范卡			
3	测试分析			
4	测试用例设计			
5	测试执行			
6	组内合作			
结果				
二、规范检查			评分等级为10—9—7—5—3—0	
序号	评分项目	学生自评	教师评分	对学生自评的评分
1	智能小车使用规范检查			

续上表

二、规范检查				评分等级为 10—9—7—5—3—0
序号	评分项目	学生自评	教师评分	对学生自评的评分
2	用例规范性检查			
3	提交缺陷有效性			
结果				

说明:学生自评、教师评分均为十分制,评分等级为 10—9—7—5—3—0;"对学生自评的评分"表示学生自评和教师评分的偏差,如果无偏差得 10 分,偏差一级得 9 分,偏差二级得 5 分,偏差三级及其以上得 0 分;最终结果只统计教师评分和对学生自评的评分,且为每一项相加。

②根据表 4-12 的评分结果,填写表 4-13,计算出工作过程的最终得分。

工作过程评分表 表 4-13

序号	评分组	结果	因子	得分(中间值)	系数	得分
1	计划 & 决策 & 实施(教师评分)		0.6		0.4	
2	计划 & 决策 & 实施(对学生自评的评分)		0.6		0.1	
3	规范检查(教师评分)		0.3		0.4	
4	规范检查(对学生自评的评分)		0.3		0.1	
评分						

说明:中间值得分 = 结果 ÷ 因子,是将结果分换算成百分制。

(3)在表 4-14 中完成学习情境"智能小车在红绿灯控制下的手动行驶/自动避障功能(模式一)测试"的总评估。

学习情境总评估表 表 4-14

序号	评估项目	分数	比重	评分
1	信息收集		0.3	
2	工作过程		0.7	
总分				

学习任务五　状态转换表方法与测试运用

开发团队已经完成了智能小车在红绿灯控制下的手动行驶/自动避障功能(模式二)开发,你作为功能测试工程师,现在需要对开发团队提交的工作产品进行测试。

信息

请阅读教材中的“相关知识”,完成下述功能的状态表设计,并生成测试用例。

某员工报销单申报系统的状态图如图 5-1 所示。

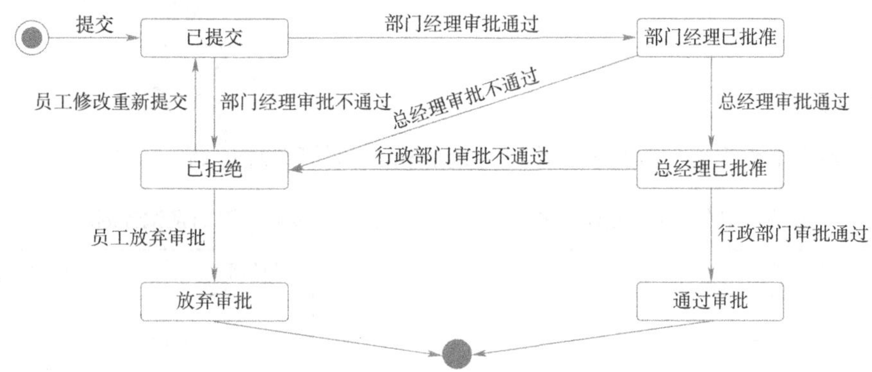

图 5-1　报销单状态图

①请使用状态表测试技术完成表 5-1 的报销单状态转换表。

报销单状态转换表　　　　表 5-1

状态	输入								

②根据已设计的状态转换表,填写表 5-2 所示的测试用例参数表。

测试用例参数表　　表 5-2

用例编号	初始状态	行为/动作	转换后状态
1			
2			
3			
4			
5			
6			
7			
8			
9			

计划

(1)请各小组根据表 5-3 所示的测试计划表格式,制订合理计划。

智能小车在红绿灯控制下的手动行驶/自动避障功能(模式二)测试计划表　　表 5-3

序号	工作步骤	环境/工具	组织形式	计划工时(h)
完成本次任务的重点、难点、风险点识别				
工作规范				
时间:		小组名称:		学生:

(2)根据教材中学习情境的描述,进行需求分析,小组使用张贴板进行讨论,初步完成被测功能及测试资源评估,并将结果填入表 5-4 中。

被测功能及测试资源评估　　表 5-4

被测功能		
测试资源	人员	
	时间	
	智能小车资源	

决策

(1)在工作计划中,需要明确工作步骤的规范要求及约束条件,请在表5-5中补充完成工作流程规范卡,明确工作规范。

要求:小组头脑风暴,使用思维导图工具完成规范收集。

工作流程规范卡 表5-5

课程		项目		姓名	
班级		时间			
序号	工作步骤	工作规范		约束条件	

(2)根据工作流程规范,结合更新信息(如有),小组讨论,修订并提交智能小车功能测试计划。

(3)请各小组代表依次展示测试计划表及工作流程规范卡,小组交叉评分,填写并完成表5-6。

决策表 表5-6

工作任务			小组			时间	
			小组成员				
序号	合理性	经济性	可操作性	实施难度	实施时间	安全环保	计划确定
第一组	□优 □中 □差	□优 □中 □差	□优 □中 □差	□优 □中 □差	□优 □中 □差	□优 □中 □差	
第二组	□优 □中 □差	□优 □中 □差	□优 □中 □差	□优 □中 □差	□优 □中 □差	□优 □中 □差	
第三组	□优 □中 □差	□优 □中 □差	□优 □中 □差	□优 □中 □差	□优 □中 □差	□优 □中 □差	
第四组	□优 □中 □差	□优 □中 □差	□优 □中 □差	□优 □中 □差	□优 □中 □差	□优 □中 □差	
第五组	□优 □中 □差	□优 □中 □差	□优 □中 □差	□优 □中 □差	□优 □中 □差	□优 □中 □差	
计划简要说明							

实施

（1）个人任务：根据智能小车在红绿灯控制下的手动行驶/自动避障功能（模式二）的状态图，针对智能小车对红绿灯识别及避障情况，在表5-7中完成状态表设计。

智能小车状态表　　表5-7

状态	输入									

（2）个人任务：基于步骤（1）构建的状态表，在表5-8中完成测试用例参数表设计。

测试用例参数表　　表5-8

用例编号	初始状态	行为/动作	转换后状态
1			
2			
3			
4			
5			
6			
7			
8			
9			
10			
11			
12			
13			
14			
15			
16			
17			

续上表

用例编号	初始状态	行为/动作	转换后状态
18			
19			
20			
21			
22			
23			
24			
25			
26			
27			
28			
29			
30			
31			
32			
33			
34			
35			
36			
37			
38			
39			
40			
41			
42			
43			
44			
45			
46			

(3)小组展开讨论,识别环境准备项,并将环境准备条件填入表 5-9 中。

测试环境准备项 表 5-9

序号	环境准备项
1	
2	
3	
4	
5	
6	

(4)个人任务:根据测试项及测试环境准备项,在测试管理系统中完成测试用例设计。

(5)抽查任务:老师随机抽取 2 组同学的测试用例进行点评。

(6)个人任务:根据上课点评信息,小组同学修复测试用例缺陷。

(7)完成测试环境配置,确认测试环境准备完成,并在表 5-10 中填写确认单。

测试环境确认表 表 5-10

序号	环境准备项	确认完成	备注及其他
1	可被识别的障碍物(停字牌)已就位	□	
2	可被识别的红绿灯设备已就位	□	
3	智能小车电源完好(有电)	□	
4	智能小车成功启动(进入待运行模式)	□	
5	被测应用成功启动	□	
6	控制 App 已接入智能小车	□	
		学生(签名):	

(8)执行测试用例,将执行结果录入测试管理系统。如发现缺陷,请提交缺陷报告。

检查

(1)请确认在工作中是否按表 5-11 中的规范执行。

工作过程检查表 表 5-11

序号	规范	检查项	是否符合	备注
1	状态表覆盖原则	达到 100% 覆盖要求	□	
2	测试用例规范	测试用例按用例规范要求编写	□	
3	缺陷报告规范	缺陷报告按缺陷报告规范要求编写	□	
4	智能小车操作规范	使用前已检查各部件安装是否正确,连线是否松动	□	
5		使用 220V 电源进行充电	□	
6		没有带电操作	□	
7		智能小车没有接触液体	□	
8		智能小车在使用后关闭电源,并放回指定位置	□	

(2)请对照表5-12进行工作提交项检查。

工作提交项检查表　　表5-12

序号	提交项	是否已提交	备注
1	测试用例	□	
2	测试执行结果	□	
3	缺陷报告	□	

(3)如果在工作过程中出现故障,请及时排除,并将相应情况记录在表5-13中。

工作故障记录表　　表5-13

序号	故障现象	排查过程	解决方法
1			
2			
3			
4			
5			

评估

(1)根据学生信息收集的完成情况,在表5-14中进行评分。

信息收集评估记录表　　表5-14

<table>
<tr><td colspan="2">姓名</td><td>学号</td><td>班级</td><td colspan="2">日期</td></tr>
<tr><td colspan="2"></td><td></td><td></td><td colspan="2"></td></tr>
<tr><td colspan="3">任务</td><td>分数</td><td>比重</td><td>评分</td></tr>
<tr><td colspan="3">信息-报销单状态转换功能的测试用例设计</td><td></td><td>1</td><td></td></tr>
</table>

说明:根据学生完成情况以百分制打分,优秀为90～100分,良好为80～89分,中等为70～79分,合格为60～69分,不合格为60分以下。

(2)工作过程评分。

①根据学生工作过程的完成情况,在表5-15中进行评分,包括计划、决策、实施、规范检查各环节。

工作过程评估记录表　　表5-15

<table>
<tr><td colspan="2">姓名</td><td>学号</td><td>班级</td><td colspan="2">日期</td></tr>
<tr><td colspan="2"></td><td></td><td></td><td colspan="2"></td></tr>
<tr><td colspan="4">一、计划 & 决策 & 实施</td><td colspan="2">评分等级为10—9—7—5—3—0</td></tr>
<tr><td>序号</td><td colspan="2">评分项目</td><td>学生自评</td><td>教师评分</td><td>对学生自评的评分</td></tr>
<tr><td>1</td><td colspan="2">工作计划表</td><td></td><td></td><td></td></tr>
</table>

续上表

一、计划 & 决策 & 实施				评分等级为 10—9—7—5—3—0
序号	评分项目	学生自评	教师评分	对学生自评的评分
2	工作流程规范卡			
3	测试分析			
4	测试用例设计			
5	测试执行			
6	组内合作			
结果				
二、规范检查				评分等级为 10—9—7—5—3—0
序号	评分项目	学生自评	教师评分	对学生自评的评分
1	智能小车使用规范检查			
2	用例规范性检查			
3	提交缺陷有效性			
结果				

说明:学生自评、教师评分均为十分制,评分等级为 10—9—7—5—3—0;"对学生自评的评分"表示学生自评和教师评分的偏差,如果无偏差得 10 分,偏差一级得 9 分,偏差二级得 5 分,偏差三级及其以上得 0 分;最终结果只统计教师评分和对学生自评的评分,且为每一项相加。

②根据表 5-15 的评分结果,填写表 5-16,计算出工作过程的最终得分。

工作过程评分表 表 5-16

序号	评分组	结果	因子	得分(中间值)	系数	得分
1	计划 & 决策 & 实施(教师评分)		0.6		0.4	
2	计划 & 决策 & 实施(对学生自评的评分)		0.6		0.1	
3	规范检查(教师评分)		0.3		0.4	
4	规范检查(对学生自评的评分)		0.3		0.1	
评分						

说明:中间值得分 = 结果 ÷ 因子,是将结果分换算成百分制。

(3)在表 5-17 中完成学习情境"智能小车在红绿灯控制下的手动行驶/自动避障功能(模式二)测试"的总评估。

学习情境总评估表 表 5-17

序号	评估项目	分数	比重	评分
1	信息收集		0.3	
2	工作过程		0.7	
总分				

学习任务六　状态转换树/n-switch 方法与测试运用

开发团队已经完成了智能小车在红绿灯控制下的手动行驶/自动避障功能(模式三)开发,你作为功能测试工程师,现在需要对开发团队提交的工作产品进行测试。

信息

请阅读教材中的“相关知识”,完成下述功能的 1-switch 表和状态树设计,并生成测试用例。

某员工报销单申报系统的状态图如图 6-1 所示。

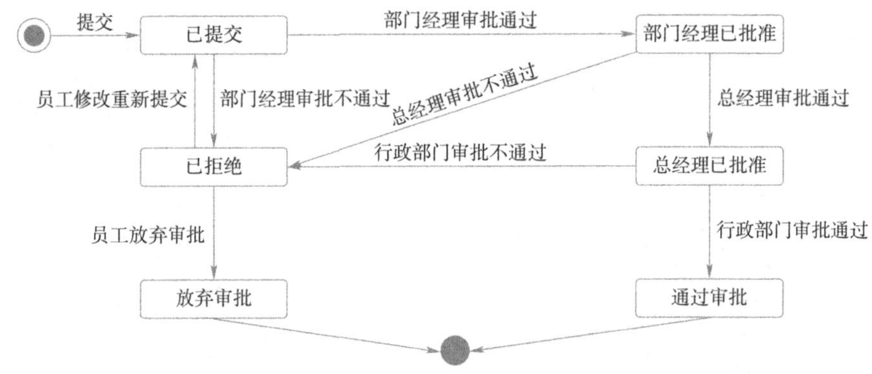

图 6-1　报销单状态图

①请完成表 6-1 所示的深度为 1 的 n-switch 表。

1-switch 表　　表 6-1

状态 1									
事件									
行为									
状态 2									

②请为该报销单申报系统设计状态转换树。

③根据已设计的状态转换树,填写表 6-2 所示的测试用例参数表。

测试用例参数表　　表 6-2

用例编号	1	2	3	4	5	6	7
状态							
行为/动作							
状态							

续上表

用例编号	1	2	3	4	5	6	7
行为/动作							
状态							
行为/动作							
状态							
行为/动作							
状态							
行为/动作							
状态							

 计划

(1)请各小组根据表6-3所示的测试计划表格式,制订合理计划。

智能小车在红绿灯控制下的手动行驶/自动避障功能(模式三)测试计划表 表6-3

序号	工作步骤	环境/工具	组织形式	计划工时(h)
完成本次任务的重点、难点、风险点识别				
工作规范				
时间:	小组名称:		学生:	

(2)根据教材中学习情境的描述,进行需求分析,小组使用张贴板进行讨论,初步完成被测功能及测试资源评估,并将结果填入表6-4中。

被测功能及测试资源评估 表6-4

被测功能		
测试资源	人员	
	时间	
	智能小车资源	

 决策

(1)在工作计划中,需要明确工作步骤的规范要求及约束条件,请在表6-5中补充完成

工作流程规范卡，明确工作规范。

要求：小组头脑风暴，使用思维导图工具完成规范收集。

工作流程规范卡 表6-5

课程		项目		姓名	
班级		时间			
序号	工作步骤	工作规范		约束条件	

(2)根据工作流程规范，结合更新信息(如有)，小组讨论，修订并提交智能小车功能测试计划。

(3)请各小组代表依次展示测试计划表及工作流程规范卡，小组交叉评分，填写并完成表6-6。

决策表 表6-6

工作任务			小组			时间	
			小组成员				
序号	合理性	经济性	可操作性	实施难度	实施时间	安全环保	计划确定
第一组	□优 □中 □差	□优 □中 □差	□优 □中 □差	□优 □中 □差	□优 □中 □差	□优 □中 □差	
第二组	□优 □中 □差	□优 □中 □差	□优 □中 □差	□优 □中 □差	□优 □中 □差	□优 □中 □差	
第三组	□优 □中 □差	□优 □中 □差	□优 □中 □差	□优 □中 □差	□优 □中 □差	□优 □中 □差	
第四组	□优 □中 □差	□优 □中 □差	□优 □中 □差	□优 □中 □差	□优 □中 □差	□优 □中 □差	
第五组	□优 □中 □差	□优 □中 □差	□优 □中 □差	□优 □中 □差	□优 □中 □差	□优 □中 □差	
计划简要说明							

实施

(1)个人任务:根据智能小车在红绿灯控制下的手动行驶/自动避障功能(模式三)的状态图,针对智能小车对红绿灯识别及避障情况,进行状态树设计。

(2)小组展开讨论,识别环境准备项,并将环境准备条件填入表6-7中。

测试环境准备项 表6-7

序号	环境准备项
1	
2	
3	
4	
5	
6	

(3)个人任务:根据测试项及测试环境准备项,在测试管理系统中完成测试用例设计。

(4)抽查任务:老师随机抽取2组同学的测试用例进行点评。

(5)个人任务:根据上课点评信息,小组同学修复测试用例缺陷。

(6)完成测试环境配置,确认测试环境准备完成,并在表6-8中填写确认单。

测试环境确认表 表6-8

序号	环境准备项	确认完成	备注及其他
1	可被识别的障碍物(停字牌)已就位	□	
2	可被识别的红绿灯设备已就位	□	
3	智能小车电源完好(有电)	□	
4	智能小车成功启动(进入待运行模式)	□	
5	被测应用成功启动	□	
6	控制 App 已接入智能小车	□	
			学生(签名):

(7)执行测试用例,将执行结果录入测试管理系统。如发现缺陷,请提交缺陷报告。

检查

(1)请确认在工作中是否按表6-9中的规范执行。

工作过程检查表 表6-9

序号	规范	检查项	是否符合	备注
1	状态树覆盖原则	达到100%覆盖要求	□	

续上表

序号	规范	检查项	是否符合	备注
2	测试用例规范	测试用例按用例规范要求编写	□	
3	缺陷报告规范	缺陷报告按缺陷报告规范要求编写	□	
4	智能小车操作规范	使用前已检查各部件安装是否正确，连线是否松动	□	
5		使用220V电源进行充电	□	
6		没有带电操作	□	
7		智能小车没有接触液体	□	
8		智能小车在使用后关闭电源，并放回指定位置	□	

(2)请对照表6-10进行工作提交项检查。

工作提交项检查表 表6-10

序号	提交项	是否已提交	备注
1	测试用例	□	
2	测试执行结果	□	
3	缺陷报告	□	

(3)如果在工作过程中出现故障，请及时排除，并将相应情况记录在表6-11中。

工作故障记录表 表6-11

序号	故障现象	排查过程	解决方法
1			
2			
3			
4			
5			

评估

(1)根据学生信息收集的完成情况，在表6-12中进行评分。

信息收集评估记录表 表6-12

姓名	学号	班级	日期

任务	分数	比重	评分
信息-报销单状态转换功能的测试用例设计		1	

说明：根据学生完成情况以百分制打分，优秀为90～100分，良好为80～89分，中等为

70～79 分，合格为 60～69 分，不合格为 60 分以下。

（2）工作过程评分。

①根据学生工作过程的完成情况，在表 6-13 中进行评分，包括计划、决策、实施、规范检查各环节。

工作过程评估记录表 表 6-13

姓名		学号	班级	日期	
一、计划 & 决策 & 实施					评分等级为 10—9—7—5—3—0
序号	评分项目		学生自评	教师评分	对学生自评的评分
1	工作计划表				
2	工作流程规范卡				
3	测试分析				
4	测试用例设计				
5	测试执行				
6	组内合作				
结果					
二、规范检查					评分等级为 10—9—7—5—3—0
序号	评分项目		学生自评	教师评分	对学生自评的评分
1	智能小车使用规范检查				
2	用例规范性检查				
3	提交缺陷有效性				
结果					

说明：学生自评、教师评分均为十分制，评分等级为 10—9—7—5—3—0；“对学生自评的评分”表示学生自评和教师评分的偏差，如果无偏差得 10 分，偏差一级得 9 分，偏差二级得 5 分，偏差三级及其以上得 0 分；最终结果只统计教师评分和对学生自评的评分，且为每一项相加。

②根据表 6-13 的评分结果，填写表 6-14，计算出工作过程的最终得分。

工作过程评分表 表 6-14

序号	评分组	结果	因子	得分（中间值）	系数	得分
1	计划 & 决策 & 实施（教师评分）		0.6		0.4	
2	计划 & 决策 & 实施（对学生自评的评分）		0.6		0.1	
3	规范检查（教师评分）		0.3		0.4	
4	规范检查（对学生自评的评分）		0.3		0.1	
评分						

说明:中间值得分=结果÷因子,是将结果分换算成百分制。

(3)在表6-15中完成学习情境"智能小车在红绿灯控制下的手动行驶/自动避障功能(模式三)测试"的总评估。

学习情境总评估表 表6-15

序号	评估项目	分数	比重	评分
1	信息收集		0.3	
2	工作过程		0.7	
总分				

学习任务七　用例测试技术与测试运用

开发团队已经完成了智能小车在红绿灯控制下的智能巡线功能(模式二)开发,你作为功能测试工程师,现在需要对开发团队提交的工作产品进行测试。

信息

请阅读教材中的“相关知识”,完成下述功能的用例场景设计,并生成测试用例。

某地铁卡充值系统的信用卡充值功能描述如下:

①用户在充值机的读卡面板上放置地铁卡。

②系统询问希望选择什么业务(异常:用户从读卡面板上移除地铁卡,中断该过程):

- 查询卡的余额(该部分功能不在本次测试范围);
- 为卡充值;
- 查询卡的上次交易(该部分功能不在本次测试范围)。

③用户选择“充值”功能。

④系统询问充值金额(异常:用户从读卡面板上移除地铁卡,中断该过程)。

⑤用户选择金额。

⑥系统询问支付方式(异常:用户从读卡面板上移除地铁卡,中断该过程):

- 现金(该部分功能不在本次测试范围);
- 信用卡。

⑦用户选择信用卡。

⑧系统要求用户将信用卡插入读卡器(异常:用户从读卡面板上移除地铁卡,中断该过程)。

⑨用户插入信用卡。

⑩系统显示要支付的金额,并让用户确认(异常:假设用户不接受该金额,可以按读卡器上的“取消”按钮)。

⑪用户确认金额。

⑫系统处理信用卡交易,并将相应的金额充入地铁卡。

⑬用户取出信用卡和地铁卡。

⑭系统打印交易收据。

⑮系统返回主界面。

(1)请在表 7-1 中构建地铁卡充值功能的用例场景(包括基本流和备选流)。

提示:通过确定执行用例场景所需的数据元素来构建矩阵。

用例场景 表 7-1

场景 ID	场景描述	场景属性(基本流和备选流)	操作							

(2)请根据用例场景设计测试用例,并填入表 7-2 中。

测试用例表 表 7-2

测试用例编号	测试用例名称	优先级	前置条件	操作步骤	预期结果

计划

(1)请各小组根据表 7-3 所示的测试计划表格式,制订合理计划。

智能小车在红绿灯控制下的智能巡线功能(模式二)测试计划表 表 7-3

序号	工作步骤	环境/工具	组织形式	计划工时(h)
完成本次任务的重点、难点、风险点识别				
工作规范				
时间:		小组名称:		学生:

(2)根据教材中学习情境的描述,进行需求分析,小组使用张贴板进行讨论,初步完成被

测功能及测试资源评估，并将结果填入表 7-4 中。

被测功能及测试资源评估 表 7-4

<table>
<tr><td colspan="2">被测功能</td><td></td></tr>
<tr><td rowspan="3">测试资源</td><td>人员</td><td></td></tr>
<tr><td>时间</td><td></td></tr>
<tr><td>智能小车资源</td><td></td></tr>
</table>

决策

(1)在工作计划中，需要明确工作步骤的规范要求及约束条件，请在表 7-5 中补充完成工作流程规范卡，明确工作规范。

要求：小组头脑风暴，使用思维导图工具完成规范收集。

工作流程规范卡 表 7-5

<table>
<tr><td>课程</td><td colspan="2"></td><td>项目</td><td></td><td>姓名</td><td></td></tr>
<tr><td>班级</td><td colspan="2"></td><td colspan="4">时间</td></tr>
<tr><td>序号</td><td>工作步骤</td><td colspan="3">工作规范</td><td colspan="2">约束条件</td></tr>
<tr><td></td><td></td><td colspan="3"></td><td colspan="2" rowspan="4"></td></tr>
<tr><td></td><td></td><td colspan="3"></td></tr>
<tr><td></td><td></td><td colspan="3"></td></tr>
<tr><td></td><td></td><td colspan="3"></td></tr>
</table>

(2)根据工作流程规范，结合更新信息(如有)，小组讨论，修订并提交智能小车功能测试计划。

(3)请各小组代表依次展示测试计划表及工作流程规范卡，小组交叉评分，填写并完成表 7-6。

决策表 表 7-6

<table>
<tr><td rowspan="2">工作任务</td><td rowspan="2" colspan="2"></td><td>小组</td><td colspan="2"></td><td rowspan="2">时间</td><td rowspan="2"></td></tr>
<tr><td>小组成员</td><td colspan="2"></td></tr>
<tr><td>序号</td><td>合理性</td><td>经济性</td><td>可操作性</td><td>实施难度</td><td>实施时间</td><td>安全环保</td><td>计划确定</td></tr>
<tr><td>第一组</td><td>□优
□中
□差</td><td>□优
□中
□差</td><td>□优
□中
□差</td><td>□优
□中
□差</td><td>□优
□中
□差</td><td>□优
□中
□差</td><td rowspan="2"></td></tr>
<tr><td>第二组</td><td>□优
□中
□差</td><td>□优
□中
□差</td><td>□优
□中
□差</td><td>□优
□中
□差</td><td>□优
□中
□差</td><td>□优
□中
□差</td></tr>
</table>

续上表

序号	合理性	经济性	可操作性	实施难度	实施时间	安全环保	计划确定
第三组	□优 □中 □差	□优 □中 □差	□优 □中 □差	□优 □中 □差	□优 □中 □差	□优 □中 □差	
第四组	□优 □中 □差	□优 □中 □差	□优 □中 □差	□优 □中 □差	□优 □中 □差	□优 □中 □差	
第五组	□优 □中 □差	□优 □中 □差	□优 □中 □差	□优 □中 □差	□优 □中 □差	□优 □中 □差	
计划简要说明							

实施

(1)个人任务:根据教材中智能小车在红绿灯控制下的智能巡线功能(模式二)需求描述,设计智能小车巡线功能的用例场景,并在表7-7中完成测试用例设计。

测试用例表 表7-7

测试用例编号	用例场景	优先级	前置条件	操作步骤	预期结果

(2)小组展开讨论,识别环境准备项,并将环境准备条件填入表7-8中。

测试环境准备项 表7-8

序号	环境准备项
1	
2	
3	

续上表

序号	环境准备项
4	
5	

(3)个人任务:根据测试项及测试环境准备项,在测试管理系统中完成测试用例设计。

(4)抽查任务:老师随机抽取2组同学的测试用例进行点评。

(5)个人任务:根据上课点评信息,小组同学修复测试用例缺陷。

(6)完成测试环境配置,确认测试环境准备完成,并在表7-9中填写确认单。

测试环境确认表 表7-9

序号	环境准备项	确认完成	备注及其他
1	巡线道路已平铺在地上,线路图上没有遮挡物	□	
2	可被识别的红绿灯设备已就位	□	
3	智能小车电源完好(有电)	□	
4	智能小车成功启动(进入待运行模式)	□	
5	被测应用成功启动	□	
学生(签名):			

(7)执行测试用例,将执行结果录入测试管理系统。如发现缺陷,请提交缺陷报告。

 检查

(1)请确认在工作中是否按表7-10中的规范执行。

工作过程检查表 表7-10

序号	规范	检查项	是否符合	备注
1	用例测试覆盖原则	达到100%覆盖要求	□	
2	测试用例规范	测试用例按用例规范要求编写	□	
3	缺陷报告规范	缺陷报告按缺陷报告规范要求编写	□	
4	智能小车操作规范	使用前已检查各部件安装是否正确,连线是否松动	□	
5		使用220V电源进行充电	□	
6		没有带电操作	□	
7		智能小车没有接触液体	□	
8		智能小车在使用后关闭电源,并放回指定位置	□	

(2)请对照表7-11进行工作提交项检查。

工作提交项检查表 表 7-11

序号	提交项	是否已提交	备注
1	测试用例	□	
2	测试执行结果	□	
3	缺陷报告	□	

(3)如果在工作过程中出现故障,请及时排除,并将相应情况记录在表 7-12 中。

工作故障记录表 表 7-12

序号	故障现象	排查过程	解决方法
1			
2			
3			
4			
5			

评估

(1)根据学生信息收集的完成情况,在表 7-13 中进行评分。

信息收集评估记录表 表 7-13

姓名	学号	班级	日期

任务	分数	比重	评分
信息-地铁卡充值功能的测试用例设计		1	

说明:根据学生完成情况以百分制打分,优秀为 90 ~ 100 分,良好为 80 ~ 89 分,中等为 70 ~ 79 分,合格为 60 ~ 69 分,不合格为 60 分以下。

(2)工作过程评分。

①根据学生工作过程的完成情况,在表 7-14 中进行评分,包括计划、决策、实施、规范检查各环节。

工作过程评估记录表 表 7-14

姓名	学号	班级	日期	
一、计划 & 决策 & 实施			评分等级为 10—9—7—5—3—0	
序号	评分项目	学生自评	教师评分	对学生自评的评分
1	工作计划表			
2	工作流程规范卡			

续上表

一、计划 & 决策 & 实施				评分等级为 10—9—7—5—3—0
序号	评分项目	学生自评	教师评分	对学生自评的评分
3	测试分析			
4	测试用例设计			
5	测试执行			
6	组内合作			
结果				
二、规范检查				评分等级为 10—9—7—5—3—0
序号	评分项目	学生自评	教师评分	对学生自评的评分
1	智能小车使用规范检查			
2	用例规范性检查			
3	提交缺陷有效性			
结果				

说明:学生自评、教师评分均为十分制,评分等级为 10—9—7—5—3—0;“对学生自评的评分”表示学生自评和教师评分的偏差,如果无偏差得 10 分,偏差一级得 9 分,偏差二级得 5 分,偏差三级及其以上得 0 分;最终结果只统计教师评分和对学生自评的评分,且为每一项相加。

②根据表 7-14 的评分结果,填写表 7-15,计算出工作过程的最终得分。

工作过程评分表 表 7-15

序号	评分组	结果	因子	得分（中间值）	系数	得分
1	计划 & 决策 & 实施(教师评分)		0.6		0.4	
2	计划 & 决策 & 实施(对学生自评的评分)		0.6		0.1	
3	规范检查(教师评分)		0.3		0.4	
4	规范检查(对学生自评的评分)		0.3		0.1	
评分						

说明:中间值得分 = 结果 ÷ 因子,是将结果分换算成百分制。

(3)在表 7-16 中完成学习情境“智能小车在红绿灯控制下的智能巡线功能(模式二)测

试”的总评估。

学习情境总评估表 表 7-16

序号	评估项目	分数	比重	评分
1	信息收集		0.3	
2	工作过程		0.7	
总分				

学习任务八　基于经验的测试技术与测试运用

开发团队已经完成了智能小车在红绿灯控制下的手动行驶/智能巡线功能开发，你作为功能测试工程师，现在需要对开发团队提交的工作产品进行测试。

信息

请阅读教材中的"相关知识"，基于前几个学习情境智能小车的测试经验，在表8-1中列出智能小车需要测试的功能点，构建智能小车测试经验库。

智能小车测试经验库　　表8-1

编号	功能点	理由
1		
2		
3		
4		
5		
6		

计划

(1)请各小组根据表8-2所示的测试计划表格式，制订合理计划。

智能小车在红绿灯控制下的手动行驶/智能巡线功能测试计划表　　表8-2

<table>
<tr><td>序号</td><td>工作步骤</td><td colspan="2">环境/工具</td><td>组织形式</td><td>计划工时(h)</td></tr>
<tr><td></td><td></td><td colspan="2"></td><td></td><td></td></tr>
<tr><td></td><td></td><td colspan="2"></td><td></td><td></td></tr>
<tr><td></td><td></td><td colspan="2"></td><td></td><td></td></tr>
<tr><td></td><td></td><td colspan="2"></td><td></td><td></td></tr>
<tr><td colspan="2">完成本次任务的重点、难点、风险点识别</td><td colspan="4"></td></tr>
<tr><td colspan="2">工作规范</td><td colspan="4"></td></tr>
<tr><td colspan="2">时间：</td><td colspan="2">小组名称：</td><td colspan="2">学生：</td></tr>
</table>

(2)根据教材中学习情境的描述，进行需求分析，小组使用张贴板进行讨论，初步完成被

测功能及测试资源评估，并将结果填入表 8-3 中。

被测功能及测试资源评估 表 8-3

被测功能		
测试资源	人员	
	时间	
	智能小车资源	

决策

（1）在工作计划中，需要明确工作步骤的规范要求及约束条件，请在表 8-4 中补充完成工作流程规范卡，明确工作规范。

要求：小组头脑风暴，使用思维导图工具完成规范收集。

工作流程规范卡 表 8-4

课程		项目		姓名	
班级		时间			
序号	工作步骤	工作规范		约束条件	

（2）根据工作流程规范，结合更新信息（如有），小组讨论，修订并提交智能小车功能测试计划。

（3）请各小组代表依次展示测试计划表及工作流程规范卡，小组交叉评分，填写并完成表 8-5。

决策表 表 8-5

工作任务			小组			时间	
			小组成员				
序号	合理性	经济性	可操作性	实施难度	实施时间	安全环保	计划确定
第一组	□优 □中 □差	□优 □中 □差	□优 □中 □差	□优 □中 □差	□优 □中 □差	□优 □中 □差	
第二组	□优 □中 □差	□优 □中 □差	□优 □中 □差	□优 □中 □差	□优 □中 □差	□优 □中 □差	

续上表

序号	合理性	经济性	可操作性	实施难度	实施时间	安全环保	计划确定
第三组	□优 □中 □差	□优 □中 □差	□优 □中 □差	□优 □中 □差	□优 □中 □差	□优 □中 □差	
第四组	□优 □中 □差	□优 □中 □差	□优 □中 □差	□优 □中 □差	□优 □中 □差	□优 □中 □差	
第五组	□优 □中 □差	□优 □中 □差	□优 □中 □差	□优 □中 □差	□优 □中 □差	□优 □中 □差	
计划简要说明							

实施

（1）个人任务：根据教材中智能小车在红绿灯控制下的手动行驶/智能巡线功能需求描述，针对智能小车在红绿灯控制下的手动行驶和智能巡线切换功能，使用基于经验的测试技术在表 8-6 中完成功能测试用例的设计。

测试用例表 表 8-6

测试用例编号	测试用例名称	优先级	前置条件	操作步骤	预期结果

（2）小组展开讨论，识别环境准备项，并将环境准备条件填入表 8-7 中。

测试环境准备项 表 8-7

序号	环境准备项
1	
2	
3	
4	

续上表

序号	环境准备项
5	
6	

(3)个人任务:根据测试项及测试环境准备项,在测试管理系统中完成测试用例设计。

(4)抽查任务:老师随机抽取2组同学的测试用例进行点评。

(5)个人任务:根据上课点评信息,小组同学修复测试用例缺陷。

(6)完成测试环境配置,确认测试环境准备完成,并在表8-8中填写确认单。

测试环境确认表　　表8-8

序号	环境准备项	确认完成	备注及其他
1	巡线道路已平铺在地上,线路图上没有遮挡物	□	
2	可被识别的红绿灯设备已就位	□	
3	智能小车电源完好(有电)	□	
4	智能小车成功启动(进入待运行模式)	□	
5	被测应用成功启动	□	
6	控制计算机已接入智能小车	□	
学生(签名):			

(7)执行测试用例,将执行结果录入测试管理系统。如发现缺陷,请提交缺陷报告。

检查

(1)请确认在工作中是否按表8-9中的规范执行。

工作过程检查表　　表8-9

序号	规范	检查项	是否符合	备注
1	测试用例规范	测试用例按用例规范要求编写	□	
2	缺陷报告规范	缺陷报告按缺陷报告规范要求编写	□	
3	智能小车操作规范	使用前已检查各部件安装是否正确,连线是否松动	□	
4		使用220V电源进行充电	□	
5		没有带电操作	□	
6		智能小车没有接触液体	□	
7		智能小车在使用后关闭电源,并放回指定位置	□	

(2)请对照表8-10进行工作提交项检查。

工作提交项检查表 表 8-10

序号	提交项	是否已提交	备注
1	测试用例	□	
2	测试执行结果	□	
3	缺陷报告	□	

(3)如果在工作过程中出现故障,请及时排除,并将相应情况记录在表 8-11 中。

工作故障记录表 表 8-11

序号	故障现象	排查过程	解决方法
1			
2			
3			
4			
5			

评估

(1)根据学生信息收集的完成情况,在表 8-12 中进行评分。

信息收集评估记录表 表 8-12

<table>
<tr><td>姓名</td><td>学号</td><td colspan="2">班级</td><td colspan="2">日期</td></tr>
<tr><td></td><td></td><td colspan="2"></td><td colspan="2"></td></tr>
<tr><td colspan="3">任务</td><td>分数</td><td>比重</td><td>评分</td></tr>
<tr><td colspan="3">信息-智能小车测试经验库</td><td></td><td>1</td><td></td></tr>
</table>

说明:根据学生完成情况以百分制打分,优秀为 90 ~ 100 分,良好为 80 ~ 89 分,中等为 70 ~ 79 分,合格为 60 ~ 69 分,不合格为 60 分以下。

(2)工作过程评分。

①根据学生工作过程的完成情况,在表 8-13 中进行评分,包括计划、决策、实施、规范检查各环节。

工作过程评估记录表 表 8-13

<table>
<tr><td colspan="2">姓名</td><td>学号</td><td>班级</td><td colspan="2">日期</td></tr>
<tr><td colspan="2"></td><td></td><td></td><td colspan="2"></td></tr>
<tr><td colspan="4">一、计划 & 决策 & 实施</td><td colspan="2">评分等级为 10—9—7—5—3—0</td></tr>
<tr><td>序号</td><td colspan="2">评分项目</td><td>学生自评</td><td>教师评分</td><td>对学生自评的评分</td></tr>
<tr><td>1</td><td colspan="2">工作计划表</td><td></td><td></td><td></td></tr>
<tr><td>2</td><td colspan="2">工作流程规范卡</td><td></td><td></td><td></td></tr>
</table>

续上表

一、计划 & 决策 & 实施				评分等级为 10—9—7—5—3—0
序号	评分项目	学生自评	教师评分	对学生自评的评分
3	测试分析			
4	测试用例设计			
5	测试执行			
6	组内合作			
结果				
二、规范检查				评分等级为 10—9—7—5—3—0
序号	评分项目	学生自评	教师评分	对学生自评的评分
1	智能小车使用规范检查			
2	用例规范性检查			
3	提交缺陷有效性			
结果				

说明:学生自评、教师评分均为十分制,评分等级为 10—9—7—5—3—0;"对学生自评的评分"表示学生自评和教师评分的偏差,如果无偏差得 10 分,偏差一级得 9 分,偏差二级得 5 分,偏差三级及其以上得 0 分;最终结果只统计教师评分和对学生自评的评分,且为每一项相加。

②根据表 8-13 的评分结果,填写表 8-14,计算出工作过程的最终得分。

工作过程评分表 表 8-14

序号	评分组	结果	因子	得分 (中间值)	系数	得分
1	计划 & 决策 & 实施(教师评分)		0.6		0.4	
2	计划 & 决策 & 实施(对学生自评的评分)		0.6		0.1	
3	规范检查(教师评分)		0.3		0.4	
4	规范检查(对学生自评的评分)		0.3		0.1	
评分						

说明:中间值得分 = 结果 ÷ 因子,是将结果分换算成百分制。

(3)在表 8-15 中完成学习情境"智能小车在红绿灯控制下的手动行驶/智能巡线功能测

试”的总评估。

学习情境总评估表 表 8-15

序号	评估项目	分数	比重	评分
1	信息收集		0.3	
2	工作过程		0.7	
总分				

学习任务九　功能测试方法综合运用

开发团队已经完成了智能小车的综合功能开发,你作为功能测试工程师,现在需要对开发团队提交的工作产品进行测试。

信息

通过前 8 个学习任务的学习,你和团队已经掌握了多种测试技术的使用方法。

请你与团队伙伴一起回顾学习内容,并利用互联网检索,填写各类测试技术适合的测试场景。同时,列举该项技术的典型案例,给出理由,并填写在表 9-1 中。

测试技术特征表　　表 9-1

编号	测试技术	适合场景	典型案例	理由
1				
2				
3				
4				
5				
6				
7				
8				
9				
10				

计划

(1)请各小组根据表 9-2 所示的测试计划表格式,制订合理计划(本次测试任务由小组成员共同完成,具体分工方式在测试计划报告中说明)。

智能小车综合功能测试计划表　　表 9-2

序号	工作步骤	环境/工具	组织形式	计划工时(h)

续上表

完成本次任务的重点、难点、风险点识别		
工作规范		
时间：	小组名称：	学生：

（2）根据教材中学习情境的描述，进行需求分析，小组使用张贴板进行讨论，初步完成被测功能及测试资源评估，并将结果填入表9-3中。

被测功能及测试资源评估 表9-3

被测功能及对应测试方法			
测试资源	人员		
	时间		
	智能小车资源		

（3）根据测试计划模板，小组讨论，编写并提交智能小车综合功能测试计划（本次测试任务由小组成员共同完成，测试计划需要说明具体分工方式）。

决策

（1）在工作计划中，需要明确工作步骤的规范要求及约束条件，请在表9-4中补充完成工作流程规范卡，明确工作规范。

要求：小组头脑风暴，使用思维导图工具完成规范收集。

工作流程规范卡　　表 9-4

课程		项目		姓名	
班级		时间			
序号	工作步骤	工作规范		约束条件	

(2)根据工作流程规范,结合更新信息(如有),小组讨论,修订并提交智能小车功能测试计划。

(3)请各小组代表依次展示测试计划表及工作流程规范卡,小组交叉评分,填写并完成表 9-5。

决策表　　表 9-5

工作任务			小组			时间	
			小组成员				
序号	合理性	经济性	可操作性	实施难度	实施时间	安全环保	计划确定
第一组	□优 □中 □差	□优 □中 □差	□优 □中 □差	□优 □中 □差	□优 □中 □差	□优 □中 □差	
第二组	□优 □中 □差	□优 □中 □差	□优 □中 □差	□优 □中 □差	□优 □中 □差	□优 □中 □差	
第三组	□优 □中 □差	□优 □中 □差	□优 □中 □差	□优 □中 □差	□优 □中 □差	□优 □中 □差	
第四组	□优 □中 □差	□优 □中 □差	□优 □中 □差	□优 □中 □差	□优 □中 □差	□优 □中 □差	
第五组	□优 □中 □差	□优 □中 □差	□优 □中 □差	□优 □中 □差	□优 □中 □差	□优 □中 □差	
计划简要说明							

实施

(1)小组展开讨论,识别环境准备项,并将环境准备条件填入表9-6中。

测试环境准备项 表9-6

序号	环境准备项
1	
2	
3	
4	
5	
6	
7	
8	
9	

(2)小组任务:根据测试项及测试环境准备项,在测试管理系统中完成测试用例设计。

(3)小组任务:在测试管理系统中,对其他小组的测试用例进行评审,提交评审结果。

(4)抽查任务:老师随机抽取2个小组的测试用例进行点评。

(5)小组任务:根据上课点评信息,小组成员修复测试用例缺陷。

(6)完成测试环境配置,确认测试环境准备完成,并在表9-7中填写确认单。

测试环境确认表 表9-7

序号	环境准备项	确认完成	备注及其他
1	智能小车电源完好(有电)	□	
2	智能小车成功启动(进入待运行模式)	□	
3	被测应用成功启动	□	
4	智能小车 Wi-Fi 可接入,控制电脑成功接入智能小车 Wi-Fi	□	
5	控制计算机终端成功接入智能小车系统	□	
6	控制键可操作	□	
7	巡线地图已就位	□	
8	红绿灯设备已就位	□	
9	停字牌已就位	□	
学生(签名):			

(7)执行测试用例,将执行结果录入测试管理系统。如发现缺陷,请提交缺陷报告。

(8)小组任务:按照给定的测试报告模板,根据测试分析结果,完成并提交测试报告。

检查

(1)请确认在工作中是否按表9-8中的规范执行。

工作过程检查表 表9-8

序号	规范	检查项	是否符合	备注
1	测试计划模板	测试计划按模板要求编写并已提交	□	
2	测试用例规范	测试用例按用例规范要求编写	□	
3	缺陷报告规范	缺陷报告按缺陷报告规范要求编写	□	
4	智能小车操作规范	使用前已检查各部件安装是否正确,连线是否松动	□	
5		使用220V电源进行充电	□	
6		没有带电操作	□	
7		智能小车没有接触液体	□	
8		智能小车在使用后关闭电源,并放回指定位置	□	
9	测试报告模板	测试报告按测试报告模板要求编写并已提交	□	

(2)请对照表9-9进行工作提交项检查。

工作提交项检查表 表9-9

序号	提交项	是否已提交	备注
1	测试计划	□	
2	测试用例	□	
3	用例评审结果	□	
4	测试执行结果	□	
5	缺陷报告	□	
6	测试报告	□	

(3)如果在工作过程中出现故障,请及时排除,并将相应情况记录在表9-10中。

工作故障记录表 表9-10

序号	故障现象	排查过程	解决方法
1			
2			
3			

续上表

序号	故障现象	排查过程	解决方法
4			
5			

评估

(1)根据学生信息收集的完成情况,在表9-11中进行评分。

信息收集评估记录表　　表9-11

姓名	学号	班级	日期	
任务		分数	比重	评分
信息-列出不同测试技术适合的测试场景			1	

说明:根据学生完成情况以百分制打分,优秀为90~100分,良好为80~89分,中等为70~79分,合格为60~69分,不合格为60分以下。

(2)工作过程评分。

①根据学生工作过程的完成情况,在表9-12中进行评分,包括计划、决策、实施、规范检查各环节。

工作过程评估记录表　　表9-12

姓名		学号	班级	日期
一、计划&决策&实施				评分等级为10—9—7—5—3—0
序号	评分项目	学生自评	教师评分	对学生自评的评分
1	工作计划表			
2	测试计划			
3	工作流程规范卡			
4	测试条件分析			
5	测试用例设计			
6	用例评审			
7	测试执行			
8	测试报告			
9	组内合作			
结果				

续上表

二、规范检查				评分等级为 10—9—7—5—3—0
序号	评分项目	学生自评	教师评分	对学生自评的评分
1	智能小车使用规范检查			
2	用例规范性检查			
3	提交缺陷有效性			
结果				

说明:学生自评、教师评分均为十分制,评分等级为 10—9—7—5—3—0;"对学生自评的评分"表示学生自评和教师评分的偏差,如果无偏差得 10 分,偏差一级得 9 分,偏差二级得 5 分,偏差三级及其以上得 0 分;最终结果只统计教师评分和对学生自评的评分,且为每一项相加。

②根据表 9-12 的评分结果,填写表 9-13,计算出工作过程的最终得分。

工作过程评分表　　表 9-13

序号	评分组	结果	因子	得分（中间值）	系数	得分
1	计划 & 决策 & 实施(教师评分)		0.9		0.4	
2	计划 & 决策 & 实施(对学生自评的评分)		0.9		0.1	
3	规范检查(教师评分)		0.3		0.4	
4	规范检查(对学生自评的评分)		0.3		0.1	
评分						

说明:中间值得分 = 结果 ÷ 因子,是将结果分换算成百分制。

(3)在表 9-14 中完成学习情境"智能小车综合功能测试"的总评估。

学习情境总评估表　　表 9-14

序号	评估项目	分数	比重	评分
1	信息收集		0.2	
2	工作过程		0.8	
总分				

浙江省高职院校“十四五”重点立项建设教材

软件功能测试

楼 靓 主 编
刘大学 刘海英 副主编

人民交通出版社
北 京

内 容 提 要

本教材为浙江省高职院校“十四五”重点立项建设教材，主要内容包括：功能测试基本原理与测试运用、等价类边界值方法与测试运用、判定表方法与测试运用、分类树/组合测试方法与测试运用、状态转换表方法与测试运用、状态转换树/n-switch 方法与测试运用、用例测试技术与测试运用、基于经验的测试技术与测试运用、功能测试方法综合运用。

本教材可作为高职院校软件测试专业教材，也可供软件测试工程师及相关技术人员参考使用。

图书在版编目(CIP)数据

软件功能测试/楼靓主编. —北京：人民交通出版社股份有限公司，2025.6. —ISBN 978-7-114-20310-7

Ⅰ. TP311.5

中国国家版本馆 CIP 数据核字第 2025RF7768 号

Ruanjian Gongneng Ceshi

书　　名： 软件功能测试
著 作 者： 楼　靓
责任编辑： 李佳蔚
责任校对： 赵媛媛　武　琳
责任印制： 张　凯
出版发行： 人民交通出版社
地　　址： (100011)北京市朝阳区安定门外外馆斜街 3 号
网　　址： http://www.ccpcl.com.cn
销售电话： (010)85285911
总 经 销： 人民交通出版社发行部
经　　销： 各地新华书店
印　　刷： 北京科印技术咨询服务有限公司数码印刷分部
开　　本： 787×1092　1/16
印　　张： 11
字　　数： 236 千
版　　次： 2025 年 6 月　第 1 版
印　　次： 2025 年 6 月　第 1 次印刷
书　　号： ISBN 978-7-114-20310-7
定　　价： 48.00 元(含主教材和工作页)
(有印刷、装订质量问题的图书，由本社负责调换)

前言

在软件行业蓬勃发展的今天，软件质量保障的重要性日益凸显。然而，当前图书市场中软件测试类书籍多侧重理论、方法和工具介绍，针对软件功能测试实操的教材相对较少。鉴于此，编者致力于创作一本内容全面、实用性强且贴合岗位能力要求的教材，为软件测试及相关人员提供学习参考，助力提升行业人才技能水平。同时，《国家职业教育改革实施方案》《"十四五"职业教育规划教材建设实施方案》等文件大力倡导校企"双元"合作开发教材，鼓励使用新型活页式、工作手册式教材并配套信息化资源。编者紧跟政策导向，深度整合校企双方的优质资源，围绕软件功能测试开发活页式工作手册式教材，以适应职业教育的发展趋势，为推动职业教育高质量教材体系的建设贡献绵薄之力。

本教材编写紧密契合职业教育改革趋势与行业发展需求，充分吸纳各方优势与先进理念，致力于全面提升教材品质与教学适用性，其特点如下：

(1)校企深度合作，贴合岗位需求。邀请企业资深技术总监兼ISTQB(International Softuare Testing Qualifications Board，国际软件测试认证委员会)学术工作副主席刘海英女士参与编写，将国际软件测试资质认证标准与行业前沿技术规范融入教材，确保教材内容紧密贴合实际功能测试岗位需求和软件企业用人标准，为学习者提供实用且具前瞻性的知识体系。

(2)强化理实融合，践行行动导向教学。基于"教、学、做"一体化行动导向教学模式编排内容，依据高职学生特点构建"螺旋递进式"学习任务和情境。通过"收集信息、计划、决策、实施、检查、评估"六步法引导学生逐步深入学习任务，有效促进理论知识与实践技能的深度融合。

(3)融合数字资源，打造立体化教学体系。教材配备了PPT、微课、案例演示等丰富的数字资源，以及测试计划、测试报告等行业标准工作产品，并通过二维码或在线学习链接形式呈现，充分发挥不同媒体的优势，为学习者打造多元化、沉浸式学习环境，满足信息化与个性化教学需求。

本教材是软件测试专业的核心教材之一，围绕软件功能测试展开编写。教材中选取智能小车作为测试对象，根据功能测试领域的关键知识与技能点，设计了功能测试基本原理与测试运用、等价类边界值方法与测试运用、判定表方法与测试运用、分类树/组合测试方法与测试运用、状态转换表方法与测试运用、状态转换树/n - switch 方法与测试运用、用例测试技术与测试运用、基于经验的测试技术与测试运用、功能测试方法综合运用九个学习任务。每个学习任务都遵循理论与实践相结合的原则,先是测试方法的理论知识讲解,再引入智能小车的实训任务,让学生将所学理论知识即时应用到实际操作中。结合软件测试行业的实际工作流程,本教材还设计了相应的工作页,有效引导学生逐步完成各项测试任务,从而加深对知识的理解和技能的掌握。同时,本教材配有智能小车的操作视频,方便授课教师及学生参考。

本书由浙江交通职业技术学院楼靓担任主编,由浙江交通职业技术学院刘大学、ISTQB 学术工作副主席刘海英担任副主编,参编人员有浙江交通职业技术学院涂宙霖、饶岫、洪顺利、颜慧佳、陈超颖。书中共有九个学习任务,具体编写分工如下:学习任务一由刘海英编写,学习任务二由饶岫编写,学习任务三、学习任务四、学习任务七 ~ 学习任务九由楼靓编写,学习任务五、学习任务六由涂宙霖编写。刘大学基于行动导向教学模式和六步法对教材结构进行设计;刘海英基于行业企业标准、工作岗位规范、真实工作流程设计工作页;洪顺利对智能小车实训部分提供技术支持;颜慧佳、陈超颖设计并整理了教材的配套资源。楼靓对全书进行了统稿。

限于编者水平,书中难免有疏漏和错误之处,恳请广大读者提出宝贵建议,以便我们进一步修改和完善。

编　者

2025 年 1 月

数字资源索引

资源使用说明：

1. 扫描封面二维码，注意每个码只可激活一次；

2. 长按弹出界面的二维码关注"交通教育出版"微信公众号并自动绑定资源；

3. 公众号弹出"购买成功"通知，点击"查看详情"，进入后即可查看资源；

4. 也可进入"交通教育出版"微信公众号，点击下方菜单"用户服务—图书增值"，选择已绑定的教材进行观看。

目录

学习任务一

功能测试基本原理与测试运用

学习目标

❖ **知识目标**

1. 理解功能测试的定义与范围；
2. 理解功能测试的工作流程；
3. 理解测试计划的结构和要素；
4. 掌握测试用例的编写方法；
5. 掌握缺陷的跟踪和管理流程；
6. 理解测试报告的结构和要素。

❖ **技能目标**

1. 能根据软件产品需求确定测试范围；
2. 能制订详细的测试计划,并确保其可行性和实施性；
3. 能对软件产品进行深入的测试分析,识别潜在的问题；
4. 能根据规范编写符合要求的测试用例；
5. 能按照测试计划和测试用例执行测试,并记录测试结果；
6. 能根据测试结果编写完整的测试报告,并确保其准确性、完整性和可读性。

❖ **素质目标**

1. 通过测试分析、测试设计等活动,培养严谨、细致的职业素养；
2. 通过识别软件产品中的缺陷和不一致性,培养批判性思维能力；
3. 通过小组分工协作,培养沟通能力和团队协作能力。

学习情境

某汽车公司正在研发一款新的智能汽车,该款新车型提供手动及自动驾驶模式。目前,手动控制功能已基本开发完成,需要进行测试。在进行实车测试之前,为了进行功能验证,该公司开发了智能小车进行实车模拟实验。

你被安排完成本次手动控制功能的测试,并提交以下功能测试工作产品：

(1)制订测试计划。

(2)设计测试用例。

(3)执行测试(提交缺陷报告)。

(4)编写测试报告。

注意:在工作过程中需遵守功能测试规范及安全实验标准。

思维导图

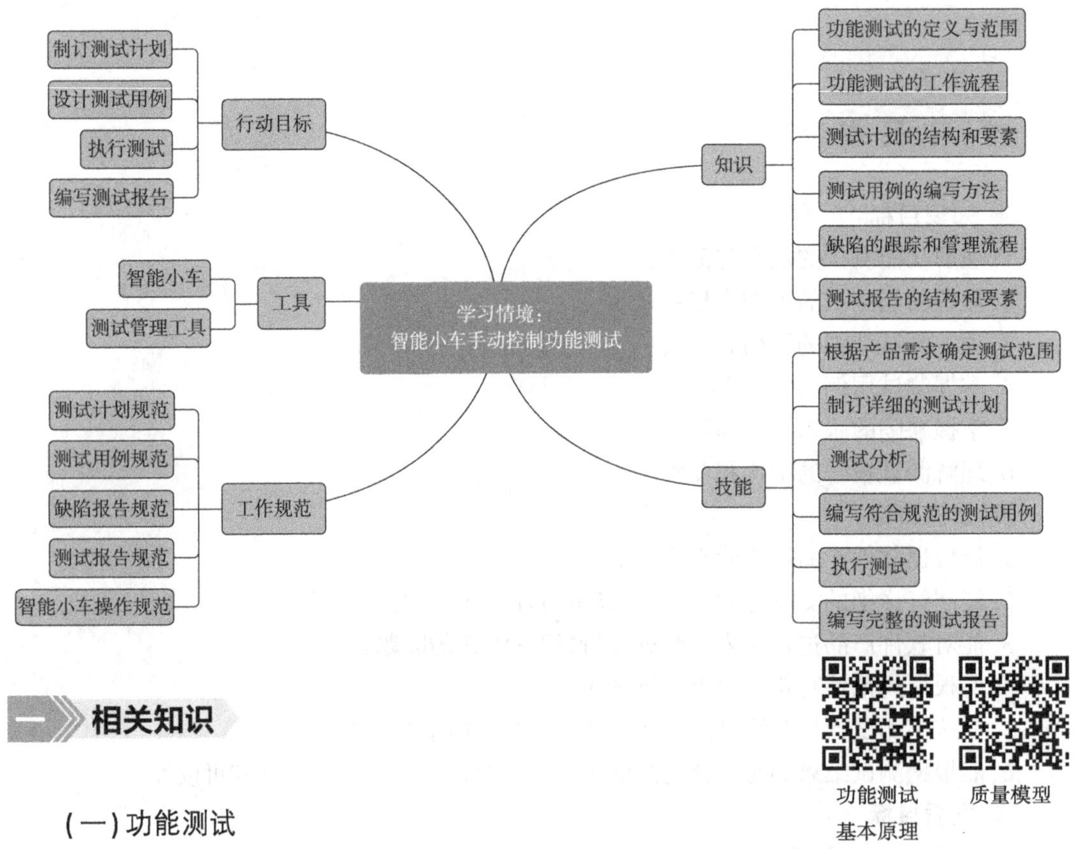

一 相关知识

(一)功能测试

功能是指由系统(或组件、或服务)提供的行为结果,即描述了系统能干什么。功能测试就是对系统(或组件、或服务)的各个功能进行验证,检查其是否达到既定要求;功能测试的主要目的是检查功能正确性、适合性和完备性。

与功能测试相对应的是非功能测试。非功能测试则是用于评估系统(或组件、或服务)除功能特性之外的其他属性(如性能、可靠性、安全性等)。非功能测试是测试"系统表现得如何",它的主要目的是检查软件的非功能质量特性。

在《系统与软件工程—系统与软件质量要求和评价(SQuaRE)—第 10 部分:系统与软件质量模型》(GB/T 25000.10—2016)中,定义了软件产品的 8 个质量属性。功能测试可用于评估软件的功能性,非功能测试则用于评估其他的 7 个属性,如图 1-1 所示。

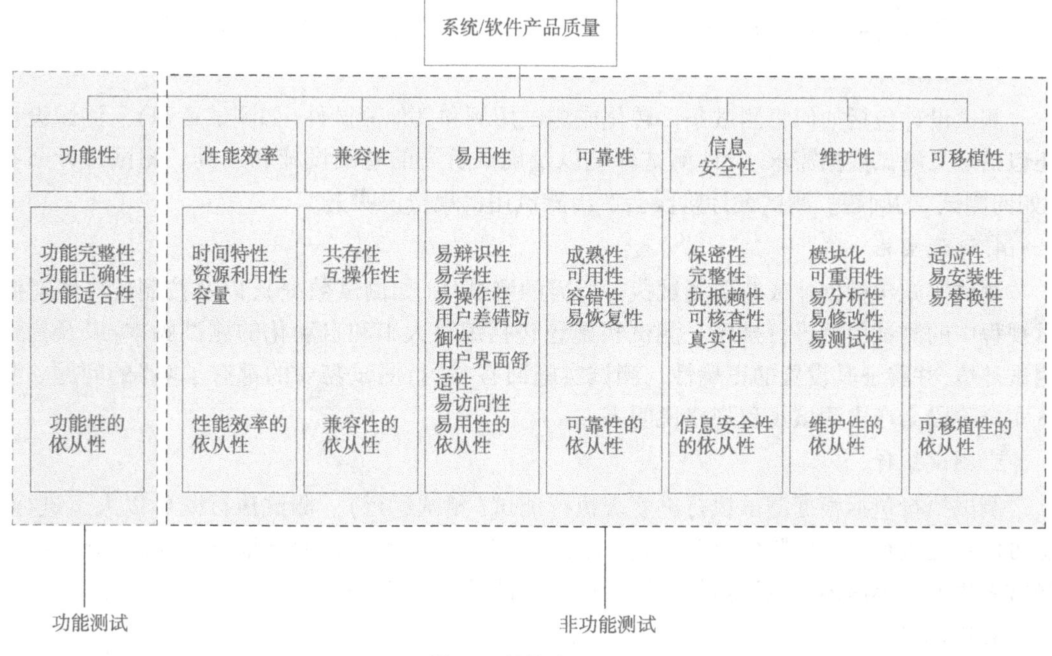

图 1-1　软件质量属性

(二)测试活动与任务

测试过程通常包括以下活动,如图 1-2 所示。尽管这些活动看似遵循逻辑顺序,但通常采用迭代或者并行方式实施。

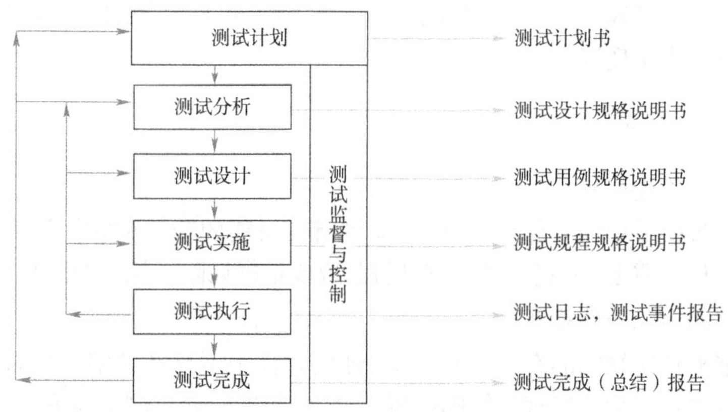

图 1-2　测试活动图

1. 测试计划

测试计划包括确定测试目标和测试范围,安排测试预算和测试进度。测试计划阶段会产出测试计划书。

2. 测试分析

测试分析包括分析测试依据以识别可测试的特征,定义相关测试条件的优先级,以及识别有关的风险和风险级别。测试分析通常由掌握测试技术的人员提供支持,根据可度量的覆盖准则回答“测试什么”的问题。测试分析阶段会产出测试设计规格说明书。

3. 测试设计

测试设计包括如何将测试条件转化成测试用例和其他测试件(如测试章程)。测试设计还包括定义测试数据需求、设计测试环境以及确认所需的基础设施和工具。测试设计回答“如何测试”的问题。测试设计阶段会产出测试用例规格说明书。

4. 测试实施

测试实施包括创建或获取测试执行所需的测试件(如测试数据),以及按照优先级对测试规程中的测试用例进行排序。测试实施还包括编写人工和自动化的测试脚本,以及构建测试环境,并验证其设置的正确性。测试实施回答“运行测试需要的都有了吗”的问题。测试实施阶段会产出测试规程规格说明书。

5. 测试执行

测试执行包括根据测试执行进度表执行测试(测试运行)。测试执行既可以人工进行,也可以自动进行。在此阶段,需记录测试结果,将实际结果与预期结果进行比较,分析导致异常发生的可能原因。测试执行阶段会产出测试日志、测试事件报告。

6. 测试完成

测试完成活动通常发生在项目的里程碑点(如发布时刻、迭代结束或测试级别完成之时)。它从已完成的测试活动中收集数据,有用的测试件都会被识别并归档,或移交给适当的团队。它还会从已完成的测试活动中分析经验、总结教训。测试完成阶段会产出测试完成(总结)报告。

7. 测试监督与控制

测试监督包括持续检查所有测试活动,并且将实际进度与计划进行比较。测试控制包括采取必要的行动来实现测试目的。

(三)测试的基本原则

1. 穷尽测试是不可能的

即使是一个规模适中的软件系统,要考虑到所有可能的输入和它们所有的组合形式是不切实际的。测试本质上是一个抽样检查过程,应该根据风险和优先级来控制测试的开销。

2. 测试只能揭示缺陷的存在

通过测试能够证明缺陷的存在,但是无法证明软件中不存在缺陷。尽管通过大量的测试可以降低软件中还有没被发现的缺陷的可能性,但是即使通过测试没有发现缺陷,也不能证明软件是完全正确的。

3. 错误集群现象

即测试的二八定律。缺陷并不是均匀分布在测试对象中,多数错误往往源自少数几个部分。通常在发现很多失效的地方往往还能找到更多的缺陷。

4. 杀虫剂悖论

不断重复相同的测试用例并不能发现更多的错误,也不能带来新的信息。在测试过程中,为了克服杀虫剂悖论,应该经常检查测试用例并生成新的测试用例或改写测试用例。

5. 尽早测试

在软件生命周期内,测试活动应该尽可能早地进行并实施既定的目标。通过早期的测试能尽早地发现缺陷,从而减少修改错误的成本。

6. 没有错误的谬论

没有错误的系统不一定是有用的系统。消除失效并不意味着系统就是用户需求和期望的。为了避免这种情况,测试团队需要从客户的角度出发来考虑产品,在产品开发过程中,要尽早并不断收集客户反馈。

7. 测试活动依赖于测试的内容

不应该以完全相同的方法去测试两个不同的系统,必须根据被测系统的应用领域和内容调整测试过程,并定义对应的测试强度、测试出口准则等。

(四)被测系统与系统环境

在每一次的项目开发中,需要被构建或改进的事物可能是:

(1)提供给客户的产品。

(2)提供给客户的服务。

(3)任何其他可交付成果,例如可实现特定目标的设备、程序或工具。

(4)产品、服务或其他可交付成果的构成或组件。

以上事物都可称为系统,它的特点是在开发过程中可以被改变。

系统所处的环境中与定义、理解和解释系统需求相关的那部分被称为系统上下文。如果不理解系统上下文,就不可能正确理解系统。系统上下文是系统环境的一部分,它在系统开发过程中必须被考虑,但不会被改变。例如,在 ATM 机取款系统中,必须考虑各种银行客户的详细情况,如可能会被国际客户使用,那么用户接口必须支持多种语言。在这个案例中,“国际客户”就属于系统上下文。

系统边界是指一个系统与其周围上下文之间的边界。在开发和测试过程中,仅考虑系统边界内的需求是不够的,必须考虑:

(1)上下文中可能会影响系统需求的变更。

(2)与系统相关的现实世界的需求(以及如何将它们映射到系统需求)。

(3)使系统正常运行,并满足实际需求所必须具备的上下文假设。

例如,对于一个汽车安全系统而言,可能会包括以下相关的上下文对象:

(1)汽车本身以及相关的部件,如发动机、轮胎、制动装置。

(2)汽车使用者,如驾驶员和副驾驶。

(3)行驶过程中的其他参与者,如前面行驶的车辆以及行人。

(4)汽车所处的外部环境状况,如温度、路况等。

无关系统环境是系统开发过程中不需要被考虑的方面,同时不会被改变。

系统环境和无关系统环境的界限就是环境边界,它定义了系统与外部交互的接口。

系统、系统环境、无关系统环境的关系如图 1-3 所示。

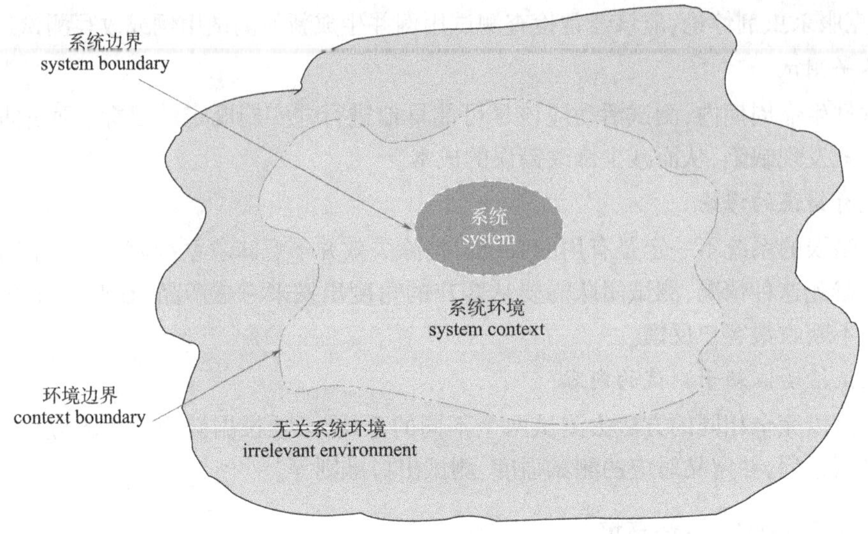

图 1-3 系统、系统环境、无关系统环境的关系

二 任务实施

(一)工作准备

完成本学习情境的功能测试任务,需要用到智能小车,它的主体部件如图 1-4 所示。

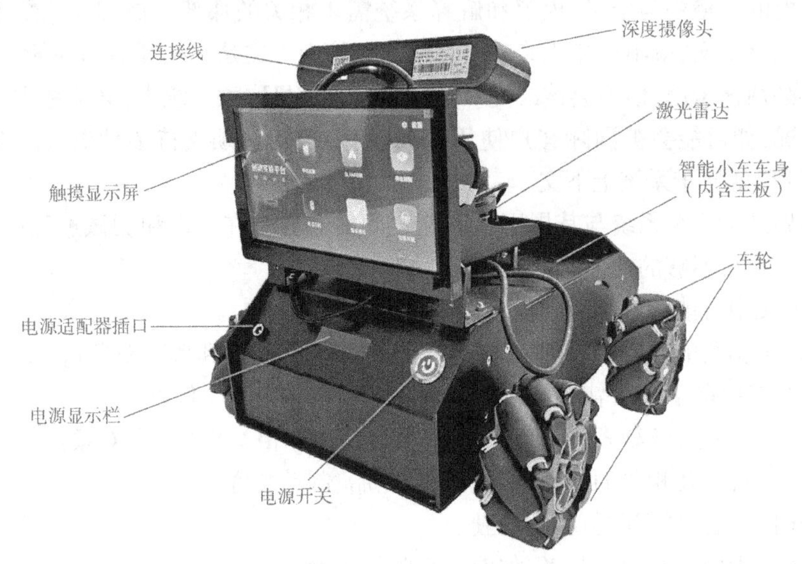

图 1-4 智能小车主体部件图

1. 智能小车"手动控制"应用

在智能小车的主板上,安装机器人操作系统(robot operating system,ROS)作为其总体控制及调度系统。ROS 提供了操作系统应有的服务,包括底层设备控制、常用函数的实现、进程间

的消息传递以及包管理功能;它也提供了用于获取、编译、编写和跨计算机运行代码所需的工具和库函数。

ROS 对于智能小车的作用,相当于 Windows 操作系统在计算机中的角色。ROS 系统为智能小车提供了基础服务,也实现了智能小车各个部件之间的通信与协调。基于 ROS 系统,开发人员研发了各类应用,“手动控制”应用就是其中的一个,它可以实现对智能小车手动控制功能的测试。

2. 智能小车键盘控制功能

可以通过键盘来控制智能小车行驶的方向,具体按键设置如图 1-5 所示。

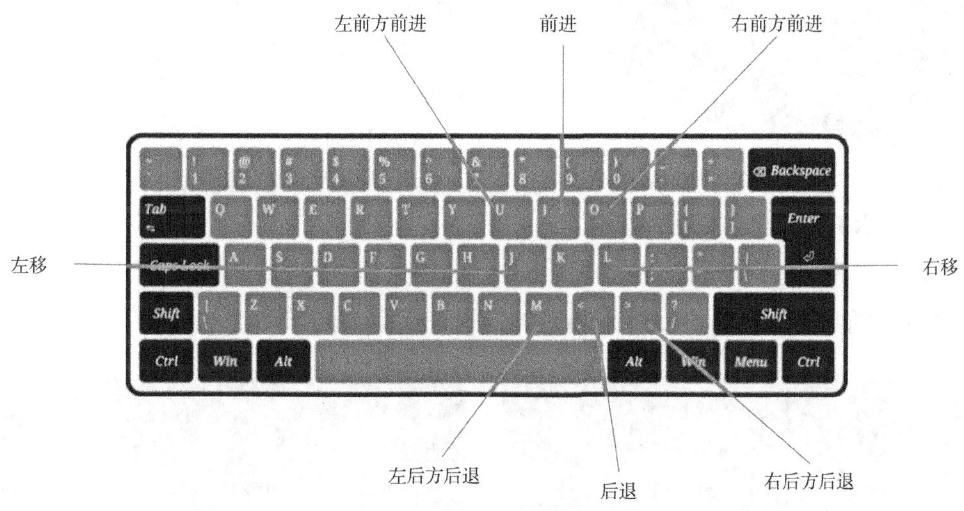

图 1-5　智能小车移动按键设置图

注意:单次按键将移动一个位移单位。如想持续移动,可同时按住“Shift”键和移动功能键。

键盘还可以控制智能小车的速度(线速度、角速度),具体按键设置如图 1-6 所示。

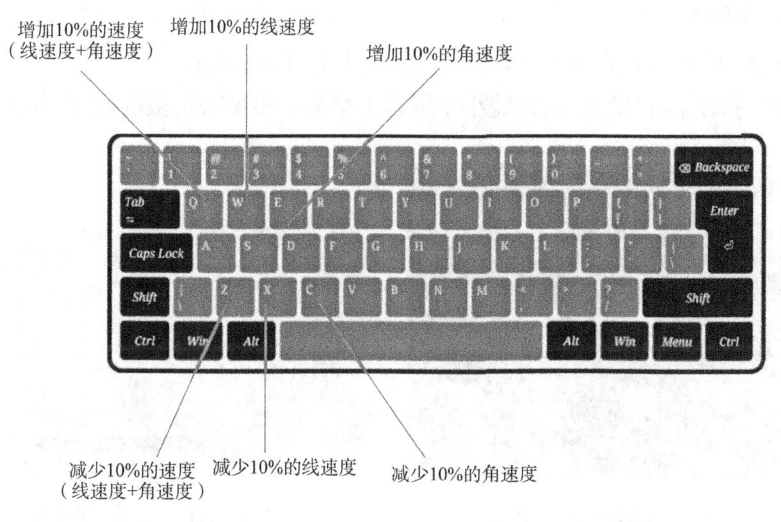

图 1-6　智能小车速度控制按键设置图

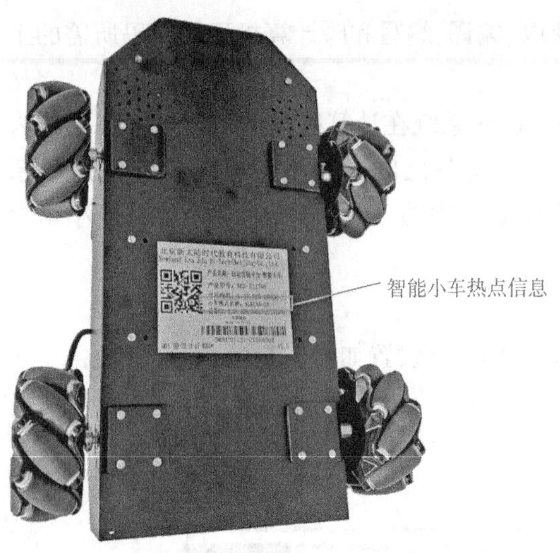

图 1-7　智能小车底部贴纸信息示意图

如果想要智能小车停止运动，那么按住任何其他键即可。

（二）实施步骤

1. 准备工作

（1）Wi-Fi 接入信息。

查看智能小车底部贴纸的热点信息，如图 1-7 所示，后续将通过 Wi-Fi 热点将计算机和智能小车进行连接。

注意：查看智能小车底部时请保持电源关闭。

（2）IP 地址。

启动智能小车电源后，智能小车屏幕的右下角将显示 IP 地址，如图 1-8 所示。

2. 接入步骤

（1）在功能选择界面中，点击“测试模式”图标，如图 1-9 所示。

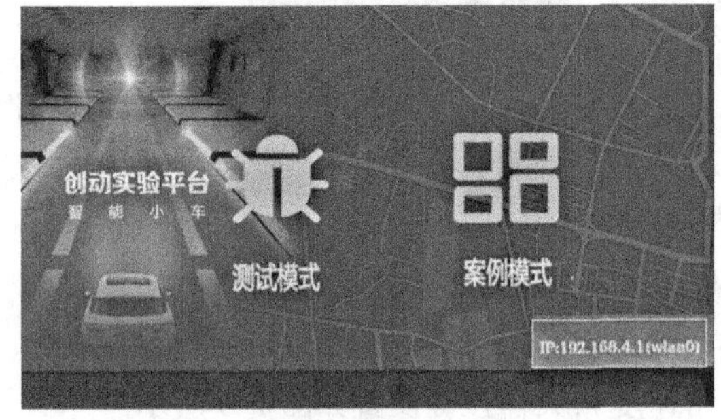

图 1-8　智能小车首页 IP 地址位置图

图 1-9　智能小车测试模式进入方式图

（2）进入测试模式后，点击“手动控制”图标，如图 1-10 所示。

（3）启动“手动控制”模式后，智能小车屏幕上会显示摄像头拍摄的画面，如图 1-11 所示。

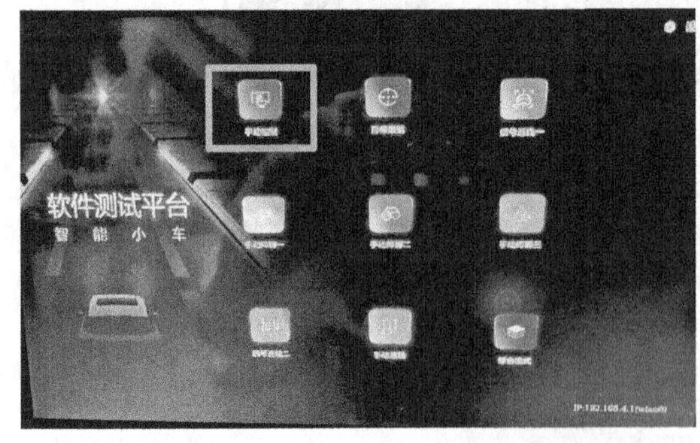

图 1-10　智能小车被测应用示意图

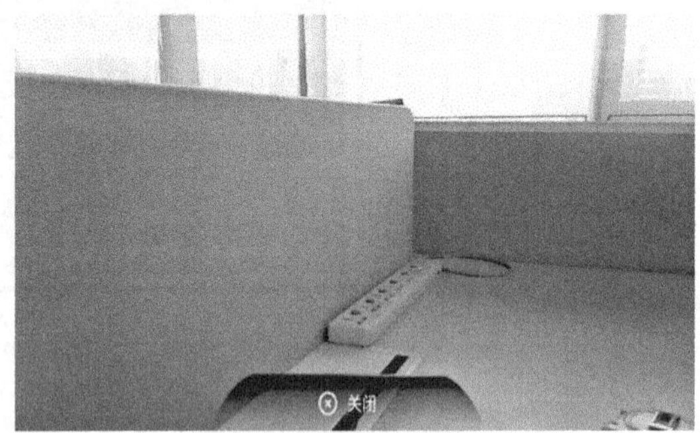

图 1-11　智能小车摄像屏幕显示拍摄画面

(4)控制计算机接入智能小车系统。

①打开计算机 Wi-Fi 开关。

②计算机 Wi-Fi 接入智能小车提供的热点,默认 Wi-Fi 密码为"12345678"(如被修改可通过重置小车配置进行还原)。

③计算机通过 SSH 接入智能小车系统。

a. 打开计算机终端。

b. 在终端输入 SSH 连接命令以接入智能小车系统:ssh nle@ XX. XX. XX. XX(其中,nle 为智能小车系统默认用户,XX. XX. XX. XX 为智能小车 IP 地址),如图 1-12 所示。

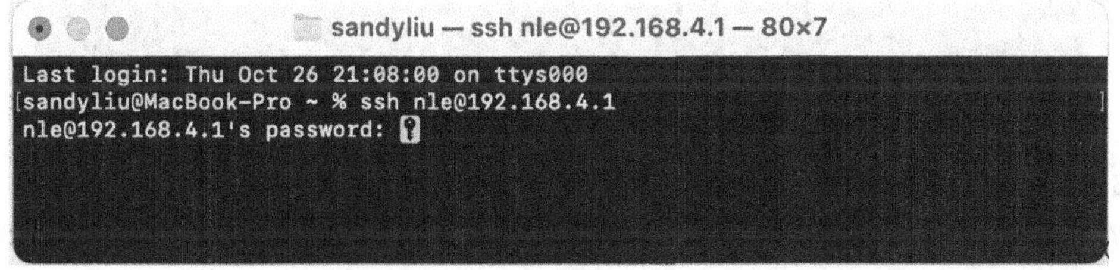

图 1-12 终端接入智能小车系统图 1

c. 输入用户密码:nle(nle 为用户 nle 的默认密码),如图 1-13 所示。

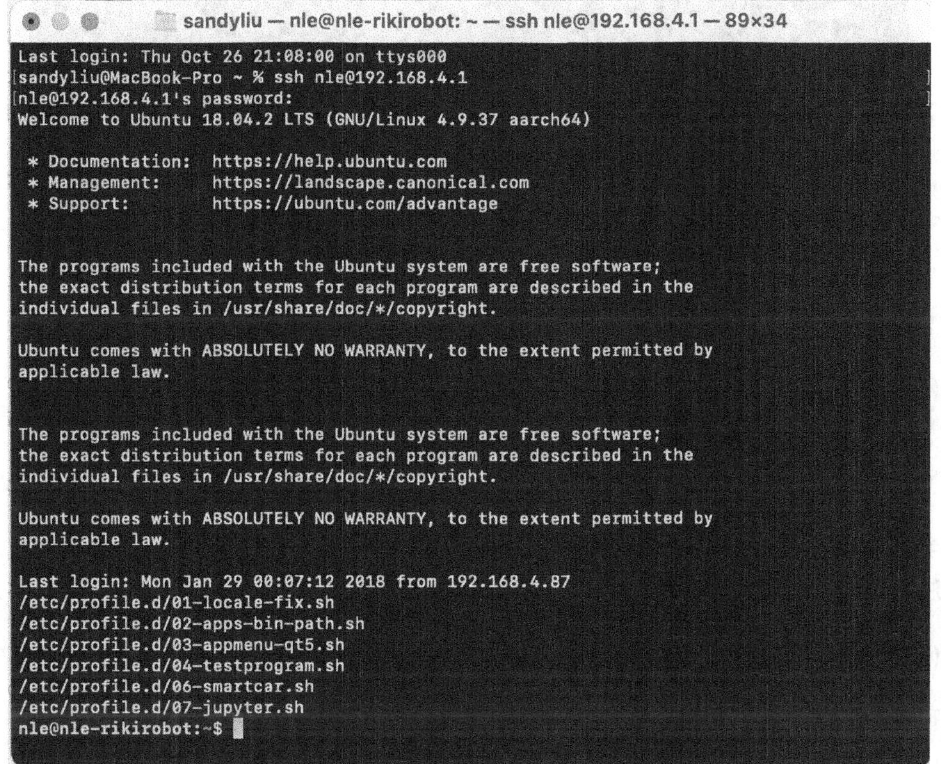

图 1-13 终端接入智能小车系统图 2

至此,计算机已成功连接至智能小车系统。

④切换到 root 账号以进行下一步操作。在终端输入命令 sudo-i,如图 1-14 所示。

```
nle@nle-rikirobot:~$ sudo -i
[sudo] password for nle:
/etc/profile.d/01-locale-fix.sh
/etc/profile.d/02-apps-bin-path.sh
/etc/profile.d/03-appmenu-qt5.sh
/etc/profile.d/04-testprogram.sh
/etc/profile.d/06-smartcar.sh
/etc/profile.d/07-jupyter.sh
root@nle-rikirobot:~#
```

图 1-14　切换至 root 账号图

接入后可通过命令 rosversion-d 查看智能小车 ROS 版本号,如图 1-15 所示。

```
root@nle-rikirobot:~/catkin-ws/src/smartcar/scripts# rosversion -d
melodic
root@nle-rikirobot:~/catkin-ws/src/smartcar/scripts#
```

图 1-15　查看智能小车 ROS 安装版本号

3. 启动手动控制应用

在终端输入应用启动命令:python keyboard_controller_changetopic. py,启动键盘控制功能,如图 1-16 所示。

```
root@nle-rikirobot:~/catkin-ws/src/smartcar/scripts# python keyboard_controller_changetopic.py

Reading from the keyboard  and Publishing to Twist!
---------------------------
Moving around:
   u    i    o
   j    k    l
   m    ,    .

For Holonomic mode (strafing), hold down the shift key:
---------------------------
   U    I    O
   J    K    L
   M    <    >

t : up (+z)
b : down (-z)

anything else : stop

q/z : increase/decrease max speeds by 10%
w/x : increase/decrease only linear speed by 10%
e/c : increase/decrease only angular speed by 10%

CTRL-C to quit

currently:      speed 0.5       turn 1.0
```

图 1-16　被测应用手动键盘控制启动成功图

至此,手动键盘控制应用启动成功,可开始执行测试。

注意:使用键盘控制时,应始终保持终端窗口获得焦点。

(三)智能小车使用规范

智能小车使用过程中要遵守弱电操作手册,以下是智能小车使用规范:

(1)使用前先检查各部件安装是否正确,连线是否松动。

(2)充电电源电压为 220V,违规充电可能会导致智能小车电源故障。

(3)不能违规带电操作。

(4)智能小车车身及配件不能接触液体。

(5)智能小车在使用后请关闭电源,并放回指定位置。

习题

一、单选题

1. 在软件测试过程中,发现软件缺陷的重要性主要体现在(　　)。
   A. 增加开发成本　　B. 延长开发周期　　C. 减少用户满意度　D. 提高软件质量

2. 在功能测试中,测试人员应重点关注(　　)。
   A. 代码实现的复杂度　　B. 用户界面是否美观
   C. 功能是否按照需求规格说明书实现　　D. 程序的内部逻辑结构

3. 功能测试检查的是(　　)。
   A. 软件的维护性　　B. 软件的易用性
   C. 软件的可靠性　　D. 软件的功能正确性、适合性和完备性

4. 在软件测试中,"杀虫剂现象"指的是(　　)。
   A. 测试人员长期使用相同的测试方法,导致某些缺陷无法被检测到
   B. 软件产品中的缺陷数量会随着测试的进行而不断增加
   C. 测试人员在测试过程中会对软件产生破坏,导致软件功能失效
   D. 软件产品中的缺陷会随着软件的发布而自动消失

5. 测试分析阶段的主要任务是(　　)。
   A. 定义测试数据需求
   B. 识别可测试的特征并定义测试条件的优先级
   C. 确定测试目标和测试范围
   D. 创建人工和自动化的测试脚本

6. 在测试设计阶段,需要回答的问题是(　　)。
   A. "测试什么"　　B. "测试执行的进度如何"
   C. "运行测试需要的都有了吗"　　D. "如何测试"

7. 对于软件测试人员来说最重要的是(　　)。
   A. 强大的编程能力　　B. 深厚的数学背景
   C. 敏锐的细节观察能力　　D. 出色的项目管理能力

8. 测试能证明(　　)。
   A. 软件是完全正确的　　B. 缺陷的存在
   C. 软件中不存在缺陷　　D. 缺陷的不存在

9. 系统上下文是(　　)。
   A. 系统开发过程中可以被改变的部分
   B. 系统边界内的需求
   C. 系统开发过程中不需要被考虑的方面
   D. 系统环境的一部分,必须被考虑但不会被改变

二、多选题

1. 可能导致软件缺陷产生的原因有(　　)。

A. 需求不明确　　B. 客户与开发人员沟通不充分

C. 逻辑设计错误　　D. 编码错误

E. 测试不充分

2. 关于穷举测试,以下说法正确的是(　　)。

A. 穷举测试是一种常见的测试方法

B. 穷举测试能确保软件中不存在任何缺陷

C. 穷举测试要求对软件的所有可能输入和输出进行测试

D. 在实际项目中,由于资源和时间的限制,穷举测试通常不可能完全实现

3. 以下关于软件测试的说法正确的是(　　)。

A. 100% 的测试是不可能的

B. 如果软件不能做到穷举测试,这意味着它是有风险的

C. 不可能修复所有的软件故障

D. 上市的软件必须保证零缺陷

4. 测试活动主要包括(　　)。

A. 测试计划　　B. 测试分析　　C. 测试设计　　D. 测试实施

E. 测试执行　　F. 测试完成　　G. 测试监督与控制

5. 软件测试人员的必备能力有(　　)。

A. 良好的沟通能力　　B. 精通至少一门编程语言

C. 强大的逻辑分析能力　　D. 熟悉软件测试理论和工具

三、判断题

1. 测试计划阶段只需要确定测试目标,不需要考虑测试范围。(　　)

2. 测试分析阶段不涉及测试条件的优先级和风险评估。(　　)

3. 穷尽测试是可能的,只要有足够的时间和资源。(　　)

4. 错误集群现象表明,我们不需要测试软件的所有部分。(　　)

5. 系统上下文是与定义、理解和解释系统需求相关的一部分。(　　)

四、填空题

1. 测试是一个________的检查过程,应该根据风险和优先级来控制测试的开销。

2. 测试设计阶段会产出________。

3. 功能测试主要验证系统或组件的________,检查是否达到要求。

4. 根据国标 GB/T 25000.10—2016,软件产品的________个质量属性中,功能测试可用于评估软件的功能性。

学习任务二

等价类边界值方法与测试运用

学习目标

❖ **知识目标**

1. 理解等价类边界值的基本概念:掌握等价类边界值测试方法的基本原理,理解其在软件测试中的重要性;

2. 熟悉等价类边界值的分类:了解等价类分为有效等价类和无效等价类,以及边界值是指输入或输出的边界条件;

3. 掌握等价类边界值的确定方法:学会如何根据软件需求规格说明书确定等价类和边界值。

❖ **技能目标**

1. 能够设计等价类边界值测试用例:根据等价类和边界值的分析结果,设计合理的测试用例,确保软件测试的全面性和有效性;

2. 能够执行等价类边界值测试:按照设计的测试用例执行测试,记录测试结果,发现软件中的缺陷和错误;

3. 能够分析等价类边界值测试结果:对测试结果进行分析,判断软件是否满足需求规格说明书的要求,提出改进建议。

❖ **素质目标**

1. 培养严谨的测试思维:通过等价类边界值的学习和实践,培养严谨、细致的测试思维,提高软件测试的质量和效率;

2. 提升团队协作能力:在等价类边界值测试过程中,与团队成员有效沟通,共同解决问题,提升团队协作能力;

3. 增强持续学习意识:认识到等价类边界值测试只是软件测试中的一部分,保持对新技术、新方法的学习热情,不断提升自己的测试技能和素质。

学习情境

某汽车公司正在研发一款新的智能汽车,该款新车型提供目标跟随功能。目前该功能已基本开发完成,在进行实车测试前,为了进行功能验证,该公司开发了智能小车进行实车模拟实验。

你被安排完成本次开发的目标跟随功能测试,并提交以下功能测试工作产品:

(1)设计测试用例(使用等价类划分、边界值分析方法)。

(2)执行测试(提交缺陷报告)。

注意:在工作过程中需遵守功能测试规范及安全实验标准。

思维导图

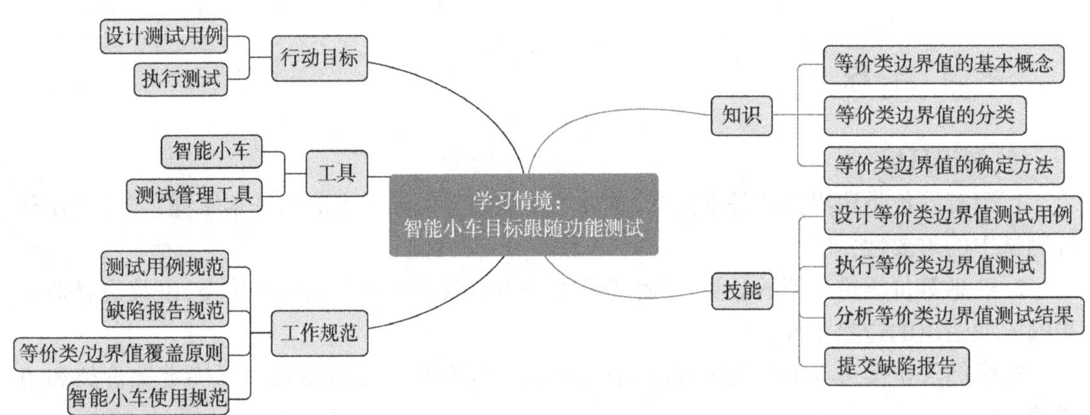

一 相关知识

等价类划分技术

(一)等价类划分技术

1. 等价类划分技术概述

等价类划分技术又叫等价类划分法,它是一种典型的,并且是最基础的黑盒测试用例设计方法。采用等价类划分法时,完全不用考虑程序内部结构,设计测试用例的唯一依据是软件需求规格说明书。

所谓等价类,是指输入条件的一个子集合,该集合中的数据在揭示程序错误方面具有等价性。测试人员可以从每一个子集中选取少数具有代表性的数据生成测试用例。所有等价类的并集就是整个输入域。需要注意的是,一个值只能属于一个等价类,且等价类之间没有交集,如图 2-1 所示。使用等价类划分法进行测试有两个关键要求:完备性和无冗余性。整个输入域提供一种形式的完备性,若互不相交则可保证一种形式的无冗余性。

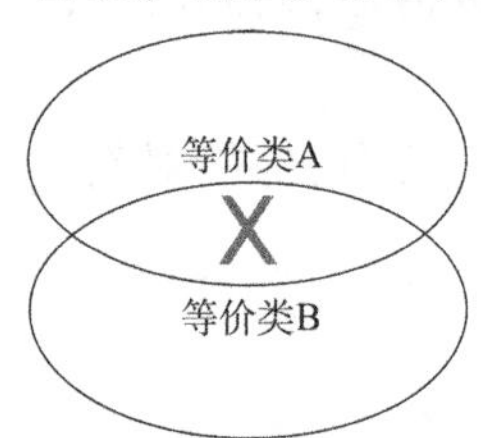

图 2-1 等价类之间不能有交集

使用等价类划分技术时,测试人员要根据需求规格说明书,对测试对象相关的数据运用等价类划分法,把数据的输入或输出划分为若干部分,然后从每个部分中选取少数代表性数据作为测试用例。

2. 等价类划分技术的意义

(1)如果使用等价类中的某一代表值(如执行某个测试用例)可以发现某缺陷,那么使用该等价类中的任意其他值也可以发现这一缺陷。

(2)如果使用等价类中的某一代表值(如执行某个测试用例)无法发现缺陷,那么使用该等价类中的任意其他值(或者测试用例)也无法发现缺陷。

对于等价类划分技术而言,只要测试等价类中的一个代表值就足够了。因为测试等价类中的任何其他输入值,测试对象不会有不同的反应和行为。

采用等价类划分这种策略,主要是因为要实现穷举测试在很多情形下实际上是一件不可能的事,测试人员必须从大量的可能数据中选取其中的一部分作为测试用例。经过类别的划分后,每一类的代表性数据在测试中的作用都等价于这一类中的其他值。即,如果某一类中的其中一个测试用例检测出错误,那么这一等价类中的其他测试用例也能发现同样的错误;反之,如果某一类中没有一个测试用例检测出错误,则这一类中的其他测试用例也不会查出错误(除非等价类中的某些测试用例同时属于另一个等价类)。

3. 等价类划分技术的应用场景

等价类划分技术可以应用于任何测试级别,如组件测试、集成测试、系统测试和验收测试,只要测试对象的输入或者输出参数可以根据规格说明进行等价类划分以创建测试用例。

要使用等价类划分技术实现100%的覆盖率,测试用例必须通过使用每个等价类中至少一个值来覆盖所有已识别的等价类(包括无效等价类)。等价类覆盖度量是指至少有一个值已经测试过的等价类的数量占所识别的等价类总数的比例,通常用百分比表示。等价类划分技术适用于所有测试级别。

$$\text{等价类覆盖度量} = \frac{\text{已测试的等价类数量}}{\text{总的等价类数量}} \times 100\%$$

4. 有效等价类与无效等价类

等价类划分技术的对象既可以是测试对象的输入,也可以是测试对象的输出。等价类划分技术将数据划分为不同的分区(也称为等价类),使得给定分区内的所有数据都期望被相同方式处理。

软件不能只接收有效的、合理的数据,还应接受意外的考验、接收无效的或不合理的数据,这样的软件才具有较高的可靠性。等价类划分既针对有效值也针对无效值进行分区。

设计测试用例时,要同时考虑这两种等价类。因为软件不仅要能接收合理的数据,也要能接受意外的考验。只有这样,才能确保测试软件的可靠性。

(1)有效等价类。

对软件或者软件系统而言,有效等价类是指由合理且有意义的数据构成的集合。可以理解为有效值是组件或系统应接收的值。包含有效值的等价分区称为“有效等价类”。

利用有效等价类,能检验程序是否实现了规格说明中预先规定的功能和性能。根据具体问题,有效等价类可以是一个或多个。

(2)无效等价类。

对软件或者软件系统而言,无效等价类是指由不合理且错误的数据构成的集合。可以理解为无效值是组件或系统应拒绝的值。包含无效值的等价分区称为“无效等价类”。

利用无效等价类,可以检查测试对象的功能和性能的实现是否有不符合规格说明要求的地方。根据具体问题,无效等价类可以是一个或多个。

测试过程中测试人员不仅需要测试有效等价类,而且需要测试无效等价类。

5. 多输入的等价类划分

前面讨论了如何针对不同类型的输入数据来划分等价类。等价类划分技术通常针对测试对象的每个参数至少创建两个等价类:一个有效等价类和一个无效等价类。因此每个参数都必须至少有两个代表值作为测试输入。由于测试对象一般都有多个输入参数,而测试资源有限,因此在实际测试过程中,很难针对测试对象的每个输入参数的每个等价类单独创建一个测试用例。通常情况下,测试人员需要创建一个测试用例同时验证多个输入参数的等价类。基于等价类划分技术设计测试用例时,需要为每个参数赋予一个输入值,为此,必须确定如何组合这些等价类的代表值,使其成为一组有效的输入数据。为了能够触发测试对象对输入参数的不同处理,相应等价类的输入值可以根据下面的原则来组合:

弱一般等价类:遵循单缺陷原则,要求用例覆盖每一个变量的一种取值即可,取值为有效值,如图 2-2 所示。

弱健壮等价类:在弱一般等价类的基础上,增加取值为无效值的情况。“健壮”意味着程序要有容错性,取到无效值也能正确识别出来。在设计测试用例时,对于有效输入,应使用每个有效值类中的一个代表值;对于无效输入,测试用例将拥有一个无效值,并保持其余的值是有效的,如图 2-3 所示。

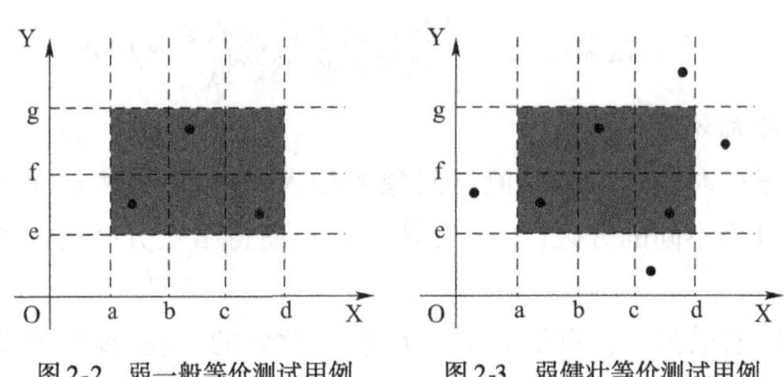

图 2-2　弱一般等价测试用例　　图 2-3　弱健壮等价测试用例

强一般等价类:遵循多缺陷原则,要求测试用例覆盖每个变量的每种取值之间的笛卡儿乘积,即覆盖所有变量所有取值的所有组合,取值为有效值。例如,如果变量 X 有 3 个有效等价类,变量 Y 有 2 个有效等价类,那么应设计 3 乘以 2 共 6 个用例,以覆盖所有变量的有效等价类组合,如图 2-4 所示。

强健壮等价类:在强一般等价类的基础上,增加取值为无效值的情况(不仅取单个无效值,也要取多个无效值)。“健壮”在此意指考虑无效值的情况,确保所有等价类均被考虑;“强”就是指多缺陷假设,如图 2-5 所示。

由于有效测试用例遵循笛卡儿乘积原则,而无效测试用例则依据相加原则,所以即使只有有限的几个输入参数,也能产生数以百计的测试用例。在测试过程中,覆盖所有的有

效测试用例和无效测试用例几乎是不可能的,因此有必要采用如下规则来减少测试用例的数目:

(1)根据输入参数的代表值组合而成的有效测试用例和无效测试用例按照测试用例的使用频率和重要程度排序,为每个测试用例设置不同的优先级。根据时间和资源的实际情况,有针对性地选择要执行的测试用例。

(2)优先选择包含边界值或边界值组合的测试用例。

(3)将一个等价类的每个代表值和其他等价类的每个代表值组合来设计测试用例(双向组合代替完全组合)。

(4)保证满足最小原则,即一个等价类的每个代表值至少在一个测试用例中出现。

测试人员在基于等价类划分技术执行测试的过程中,除了考虑上面的一些原则以减少测试用例的数目之外,还可以结合其他类型的基于规格说明的测试技术来减少测试用例的数目。

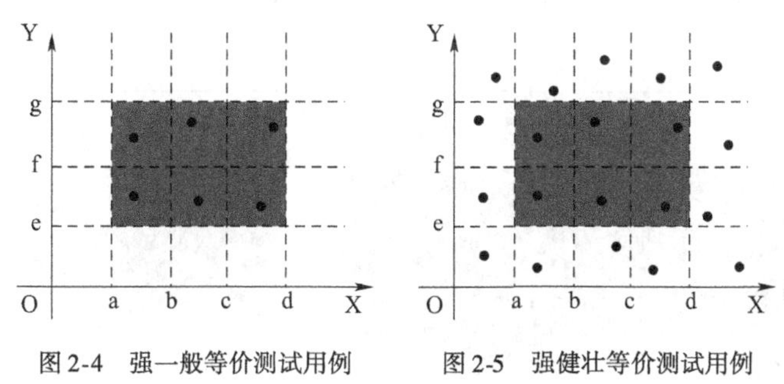

图2-4　强一般等价测试用例　　　图2-5　强健壮等价测试用例

6. 等价类的划分原则

如何确定等价类是使用等价类划分方法过程中的重要问题。以下是具体的划分原则:

(1)如果程序要求输入值是一个有限区间的值,则可以将输入数据划分为一个有效等价类和两个无效等价类,有效等价类为指定的取值区间,两个无效等价类分别为有限区间两边的值。

示例场景:假设有一个程序,它要求用户输入一个年龄值,这个值必须位于18到60之间(包含18和60),如图2-6所示。

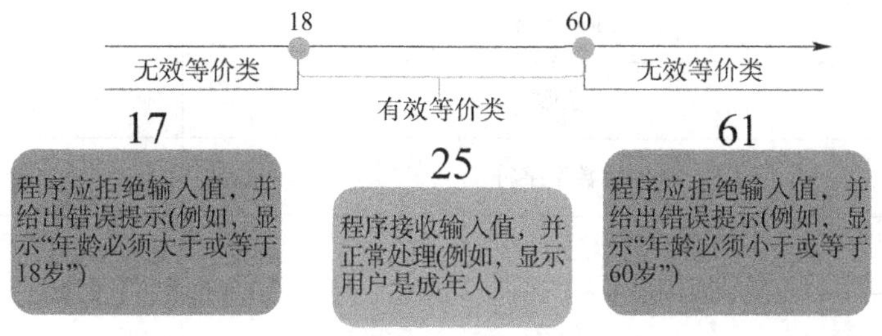

图2-6　基于输入条件的取值范围1

在这个场景下,基于输入条件的取值区间,我们可以将输入数据划分为以下等价类,如表2-1所示。

输入值是一个有限区间的等价类划分 表 2-1

等价类	细分类	代表值
有效等价类	18≤Age≤60	19
无效等价类	Age >60	61
	0 < Age < 18	17
	Age <0(尽管这在现实中不可能,但为了测试的全面性也可以包括)	-5

(2)如果程序要求输入值是一个“必须成立”的情况,则可以将输入数据划分为一个有效等价类和一个无效等价类。

示例场景:假设有一个程序,它要求用户输入一个年龄值,并且这个年龄值必须大于 18 才能执行某项操作(比如注册为网站会员),如图 2-7 所示。

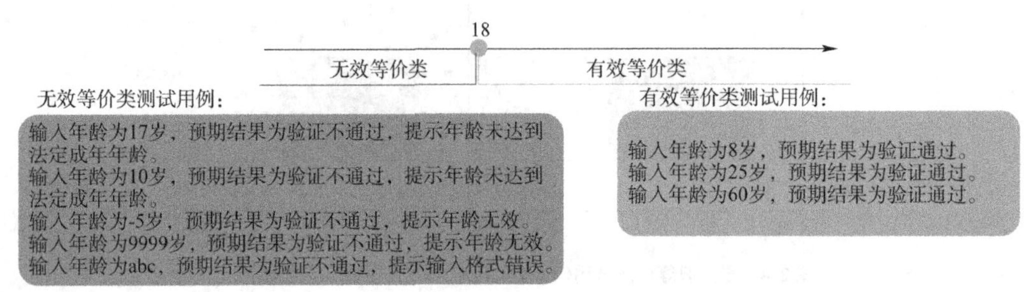

图 2-7 基于输入条件的取值范围 2

在这个场景下,基于输入条件的取值范围,我们可以将输入数据划分为以下两个等价类,如表 2-2 所示。

输入值是一个“必须成立”情况的等价类划分 表 2-2

等价类	细分类	代表值
有效等价类	Age≥18	19
无效等价类	Age <18	17
	负数	-5
	非数字字符	abc
	0	0
	小数	17.5

(3)如果程序要求输入值是一组可能的值,或者要求输入值必须符合某个条件,则可以将输入数据划分为一个有效等价类和一个无效等价类。

示例场景:假设有一个简单的用户注册表单,其中有一个字段要求用户输入他们的会员类型。根据业务需求,有效的会员类型只有三种:Gold、Silver 和 Bronze,如图 2-8 所示。

图 2-8 基于输入条件的取值范围 3

在这个场景下,我们可以将输入数据划分为以下两个等价类,如表 2-3 所示。

输入值是一组可能的值的等价类划分 表 2-3

等价类	细分类	代表值
有效等价类	有效会员	Gold、Silver 和 Bronze
无效等价类	空字符串	Null
	数字	12345
	特殊字符组合	sss@ SS
	过长的字符串	* * * * * * * * * * * * * * *

(4)如果在某一个等价类中,每个输入数据在程序中的处理方式都不相同,则应将该等价类划分成更小的等价类,并建立等价表。

示例场景:假设我们正在为一个银行账户系统编写测试用例,其中一个测试目标是验证系统是否允许用户从一个账户向另一个账户转账,转账金额是一个关键输入参数。系统的基本要求是转账金额必须大于 0 且小于或等于账户余额。

初始等价类划分:

有效等价类:转账金额 >0 且转账金额≤账户余额;

无效等价类:转账金额≤0 或转账金额 >账户余额。

问题描述:在测试过程中,测试团队发现“有效等价类”内的不同转账金额(例如 1 元、100 元、10000 元等)在系统处理时存在显著差异。比如,小额转账可能立即成功,而大额转账可能需要经过额外的验证步骤或产生不同的日志记录。

解决方案:针对这一情况,我们需要进一步细分这个有效等价类。可以基于转账金额的大小、是否触发额外验证等因素来划分更小的等价类。

(1)重新划分的等价类。

· 小额转账(例如:1 ~ 1000 元):通常立即成功,不触发额外验证。

· 中额转账(例如:1001 ~ 10000 元):可能需要短信验证或邮箱验证。

· 大额转账(例如:10001 元及以上):除了短信/邮箱验证外,还可能需要人工审核,并记录详细的转账日志。

(2)建立等价表,如表2-4所示。

等价表　　表2-4

等价类	描述	示例金额
小额转账	立即成功,不触发验证	500元
中额转账	可能需要短信/邮箱验证	5000元
大额转账	需要短信/邮箱验证及人工审核	50000元
无效转账(金额≤0)	非法请求,转账失败	0元
无效转账(金额>账户余额)	账户余额不足,转账失败	100000元(假设账户余额90000元)

通过这样的重新划分和建立等价表,测试团队可以更精确地设计测试用例,覆盖所有重要的处理路径,确保系统的转账功能在不同情况下都能正确工作。

7. 等价类划分方法的基本步骤

(1)进行需求分析,判断是否适合使用等价类方法,并选取适合的等价类划分原则。

(2)根据这些原则划分出两大基本类:有效类、无效类。为每个变量/参数,确定其定义域:构建有效值类(有效类)及构建无效值类(无效类)。

(3)根据步骤(1)选取的等价类划分原则,对基本类进行细分:针对每个等价类,根据等价类划分原则将其细分为多个子等价类。

(4)选取代表值:为每个(子)等价类,选择至少一个类元素的代表值作为测试用例的输入值。

(5)编写测试用例:为每一个设计的等价类代表值,编写一个测试用例。

(二)边界值分析技术

边界值分析

1. 边界值分析技术概述

边界值分析法(boundary value analysis,BVA)是一种很实用的黑盒测试用例设计方法,它具有很强的发现程序错误的能力。与等价类划分法不同,边界值分析法的测试用例来自等价类的边界,它是等价类划分法的补充。无数的测试实践表明,在设计测试用例时,一定要对边界附近的处理十分重视,因为大量的故障往往发生在输入值域或输出值域的边界上,而不是在其内部。为检验边界附近的处理专门设计测试用例,通常都会取得很好的测试效果。

边界值分析法的基本思路:选取正好等于、刚刚大于或刚刚小于边界的值作为测试数据,而不是选取等价类中的典型值或任意值作为测试数据。边界值分析法是最有效的黑盒分析法,但在边界情况复杂的情况下,要找出适当的边界测试用例还需要针对问题的输入域、输出域边界,耐心细致地逐个进行考察。

边界值分析是等价类划分的扩展,但仅适用于等价类是有序的、由数字或顺序数据组成的情况。等价类的最小和最大值(或第一和最后的值)是其边界值,如图2-9所示。

例如,假设一个输入域仅接受单位整数值作为输入,即使用(0~9)数码键限制输入,排除了非整数的可能性,有效输入区间则为1到5(包含1和5)。因此,存在三个等价类:无效(太低);有效;无效(太高)。对于有效等价类,其边界值是1和5。对于无效(太高)分区,边界值是6。对于无效(太低)分区,只有一个边界值0,因为这个分区仅有一个成员。

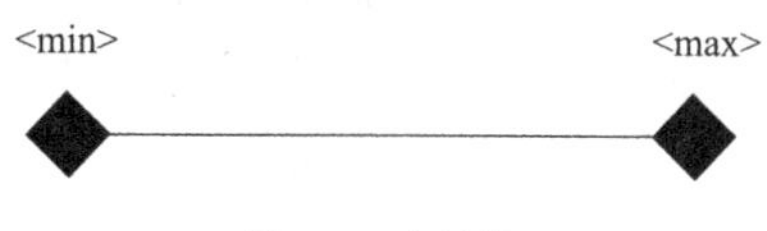

图2-9 边界值

在上面的例子中,我们为每个边界识别出两个边界值。无效(太低)和有效之间的边界给的测试值为0和1。有效和无效(太高)之间的边界给的测试值为5和6。作为这个技术的变体,每个边界可以识别出三个边界值:到边界之前、正好到边界、刚超过边界的值。在上面的例子中,使用三值边界法时,低端边界测试值是0、1和2,而高端边界测试值是4、5和6。

边界值分析旨在对有序划分的等价类在边界上的值的正确处理进行测试。边界值分析有两种常用测试方法:二值边界法或三值边界法。

对于二值边界法测试,我们采用边界上的值和边界外的值(根据要求的准确度,以尽可能小的精度)。例如,对于具有两位小数的货币金额,如果等价类包括从1到10的值,则二值边界法的上边界测试值将为10和10.01,下边界测试值将为1和0.99。边界由等价类划分中定义的最大值和最小值确定,如图2-10所示。

对于三值边界法测试,需要取一个小于边界的值、一个在边界上的值和一个大于边界的值。在选择这些边界值时,需考虑开区间、闭区间以及半开半闭区间的情况。

(1)闭区间:在闭区间中,上点为可以取值的点,在上点之间任取一点就是内点。而紧邻上点范围之外的第一对点被称为离点(也称为外点),对于闭区间[a,b]而言,边界值为:a,b,a-1,b+1,在前面的示例中,上边界测试值将包括9.99、10和10.01。下边界测试值将包括0.99、1和1.01,如图2-11所示。

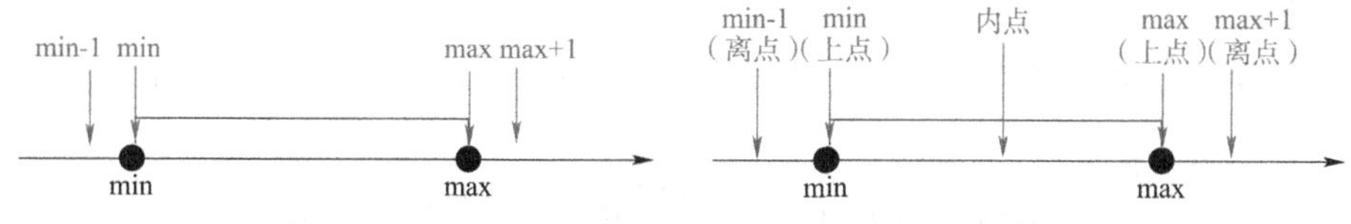

图2-10 二值边界法　　图2-11 闭区间的三值边界取值

(2)半开半闭区间:在半开半闭区间中,上点与内点的定义不变。离点是开区间一侧上点内部范围内紧邻的点,而在闭区间一侧是上点外部范围内紧邻的点。比如对于半开半闭区间(a,b]而言,边界值为:a,b,a+1,b+1,如图2-12所示。

(3)开区间:在开区间中,上点与内点的定义仍然不变。而离点就是上点内部范围内紧邻的一对点。对于开区间(a,b),边界值为:a,b,a+1,b-1,如图2-13所示。

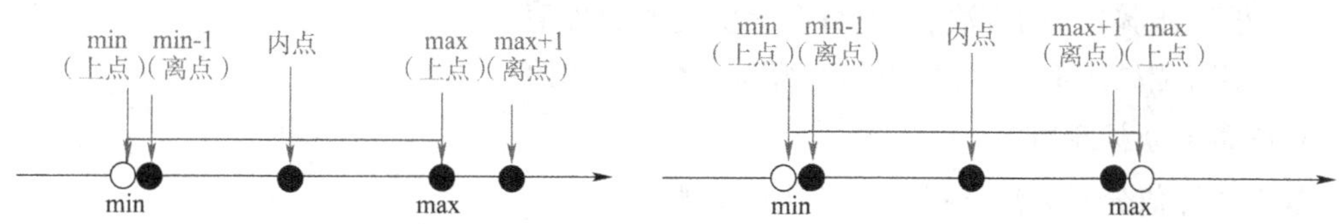

图2-12 半开半闭区间的三值边界取值　　图2-13 开区间的三值边界取值

是采用二值边界法还是三值边界法取决于被测试项的风险大小，风险高的采用三值边界法。根据企业或应用标准的不同，还会有五值法、七值法等其他边界取值方法。

2. 边界值分析的意义

等价类划分忽略掉了某些特定类型的高效测试用例，而边界值分析可以弥补其不足。根据大量的测试统计数据显示，编程中的很多错误是发生在输入定义域或输出值域的边界上，而不是发生在输入/输出范围的中间区域。因此，针对输入和输出等价类的边界情况设计测试用例，可以查出更多的错误，具有更高的测试回报率。

边界值数据本质上属于某个等价类的范围，测试时确实是一种冗余(重复)，但是为了更好的测试质量(边界值特别容易出现错误)，边界值必须单独测，适当的冗余是可以接受的。

3. 边界值分析的应用场景

边界值分析技术适用于任何测试级别，尤其适用于存在有序等价类划分的情况。因此，边界值分析技术通常与等价类划分技术结合使用。由于存在边界上和边界外的概念，因此需要等价类有序划分。

例如，一组按数值大小排序的数字便构成了有序的等价类。同样，由一些文本字符串构成的等价类也可以排序，例如按其字典顺序排序，但如果从业务逻辑而言，该排序并无意义，在边界值分析时便无须过分关注。

除了数值范围外，可以应用边界值分析的等价类还包括：

(1)非数值变量的数值属性(如长度)。

(2)循环执行周期的数量，包括状态转换图中的循环。

(3)在存储的数据结构(如数组)中迭代元素的数量。

(4)物理对象的大小(例如内存)。

(5)活动持续时间。

(6)其他。

边界值覆盖度量是指已测试的边界值数量占识别的边界测试值数量的比例，通常用百分比表示。

$$边界值覆盖度量 = \frac{已测试的边界值数量}{总的边界值数量} \times 100\%$$

4. 边界值分析的步骤

(1)确定边界值分析方法，如二值边界法、三值边界法。

(2)确定边界情况：边界值分析技术通常与等价类划分技术结合使用，关键在于确定输入和输出等价类的边界条件，即需重点关注测试的边界情况。

(3)确定每个等价类的最大值及最小值。

(4)根据步骤(1)的方法，选取每个等价类的边界值。

(5)编写测试用例：为每组边界值编写一个测试用例。

5. 边界值分析原则

基于边界值分析方法选择测试用例的原则如下：

(1)如果输入条件规定了一个输入值范围，那么应针对范围的边界设计测试用例，针对刚刚越界的情况设计无效输入测试用例。举例,如果输入值的有效范围是 -1.0 至 1.0,那么应针对 -1.0、1.0、-1.001 和 1.001 的情况设计测试用例。

(2)如果输入条件规定了输入值的数量,那么应针对最小数量输入值、最大数量输入值,以及比最小数量少一个、比最大数量多一个的情况设计测试用例。举例,如果某个输入文件可容纳 1~255 条记录,那么应根据 0、1、256 和 255 条记录的情况设计测试用例。

(3)对每个输出条件应用原则(1)。举例,如果某个程序按月计算 FICA 的扣除额,且最小金额是 0,最大金额是 1165.25,那么应该设计测试用例来测试扣除 0 和 1165.25 的情况。此外,还应观察是否可能设计出导致扣除金额为负数或超过 1165.25 的测试用例(注意:检查结果空间的边界很重要,因为输入范围的边界并不总是能代表输出范围的边界情况,如三角正弦函数 sin。尽管产生超过输出范围的结果不太可能,但仍应予以考虑)。

(4)对每个输出条件应用原则(2)。如果某个信息检索系统根据输入请求显示关联程度最高的信息摘要,且摘要的数量从未超过 4 条,则应编写测试用例,使程序显示 0 条、1 条和 4 条摘要,还应设计测试用例以测试程序错误地显示 5 条摘要的情况。

(5)如果程序的输入或输出是一个有序序列(如顺序的文件、线性列表或表格),则应特别注意该序列的第一个和最后一个元素。

(6)如果程序中使用了一个内部数据结构,则应当选择这个内部数据结构的边界上的值作为测试用例。

(三)等价类边界值分析法案例解析

在某在线教育平台注册时要求用户验证 QQ 账号,即验证 QQ 账号是否合法(6~10 位自然数)。

(1)明确需求。合法的 QQ 账号是 6~10 位自然数。

(2)划分有效等价类和无效等价类(表 2-5)。

有效等价类和无效等价类 表 2-5

有效等价类	无效等价类
6~10 位自然数	不满足规则的其他情况

(3)确定边界范围(表 2-6)。

边界范围 表 2-6

上点	内点	离点
6,10	8	5,11

(4)提取数据,编写测试用例,如表 2-7 所示。

测试用例 表 2-7

用例编号	用例标题	项目/模块	优先级	前置条件	测试步骤	测试数据	预期结果
qq_001	合法 (6 位自然数)	qq	P0	打开 QQ 验证程序	(1)输入账号; (2)点击验证	账号:123456	合法

续上表

用例编号	用例标题	项目/模块	优先级	前置条件	测试步骤	测试数据	预期结果
qq_002	合法 (10 位自然数)	qq	P0	打开 QQ 验证程序	(1)输入账号; (2)点击验证	账号:0123456789	合法
qq_003	合法 (8 位自然数)	qq	P0	打开 QQ 验证程序	(1)输入账号; (2)点击验证	账号:12345678	合法
qq_004	不合法 (5 位自然数)	qq	P1	打开 QQ 验证程序	(1)输入账号; (2)点击验证	账号:12345	不合法
qq_005	不合法 (11 位自然数)	qq	P1	打开 QQ 验证程序	(1)输入账号; (2)点击验证	账号:12345678901	不合法
qq_006	不合法 (8 位非自然数)	qq	P1	打开 QQ 验证程序	(1)输入账号; (2)点击验证	账号:1234567a	不合法

二 任务实施

三角形问题:等价类+边界值分析

(一)工作准备

完成本学习情境的功能测试任务,需要用到智能小车。

1. 智能小车目标跟随功能

目标跟随功能依赖于深度摄像头捕获的彩色图像。在捕获到的图像中框选目标对象,然后应用 KCF 跟踪算法对目标进行实时跟踪。同时,利用深度图像计算出目标与摄像头之间的距离。通过这一距离信息,系统能够使用 PID 控制算法来调整智能小车的运动,确保其与目标保持预设的距离,实现目标的稳定跟随。

深度摄像头能够同时提供彩色图像和对应的深度图像,且这两者之间存在一一对应的关系。因此,一旦确定了目标在彩色图像中的位置,系统就能直接在深度图像中找到对应点,进而计算出目标与摄像头之间的精确距离。在完成目标识别和距离计算后,系统会自动控制智能小车,使其与目标保持预设的距离,从而实现高效且稳定的跟随效果。

2. 智能小车目标跟随规则

智能小车的目标跟随功能是通过智能小车的配套手机 App 完成目标识别后实现的。在识别出跟随目标后,智能小车跟随行为规则如下:

(1)智能小车与跟随目标之间保持的有效距离为 0.8 ~1.2m。如果智能小车与跟随目标的距离超过 1.2m,智能小车将自动跟随目标移动,以确保智能小车与目标的距离维持在 0.8 ~1.2m;若距离在有效范围之内,智能小车则不会移动。

(2)智能小车对目标的有效识别距离为 0.5 ~2.5m。在目标跟随过程中,如果目标与智能小车之间的距离不在有效识别范围内,智能小车将在屏幕显示目标跟丢信号,且不再移动。

(3)在目标跟随过程中,也有可能由于环境因素,导致智能小车跟丢目标,在此情况下,智能小车也将在屏幕显示目标跟丢信号,且不再移动。

(4)在目标跟丢后,如果目标重新回到智能小车的有效识别范围并重新被自动识别到,智能小车将继续自动跟随目标移动。

智能小车与目标物体的距离为智能小车深度摄像头的测量位置到目标物体的近端点的距离,如图 2-14 所示。

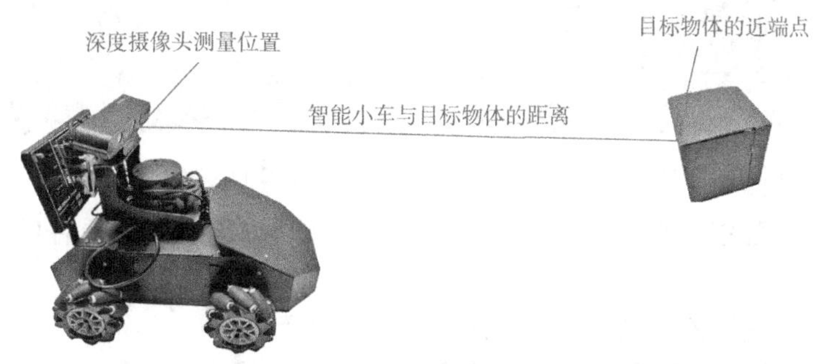

图 2-14 智能小车与目标物体的距离测量方法

(二)实施步骤

1. 接入准备

在进行接入之前,需要确认智能小车接入的必要信息。

(1)Wi-Fi 接入信息。

手机是通过 Wi-Fi 接入智能小车的热点进而连接到智能小车系统的。

智能小车热点信息可通过查看智能小车底部贴纸获取,如图 2-15 所示。

注意:查看智能小车底部时请保持电源关闭。

图 2-15 智能小车底部信息贴纸示意图

(2)IP 地址。

在启动智能小车电源后,智能小车屏幕的右下角将显示 IP 地址,如图 2-16 所示。

智能小车的目标跟随功能需要通过小车控制 App 来实现。在接入系统之前,需要先下载智能小车控制 App 至手机。

(3)Andriod 手机。

App 目前仅支持安卓手机端,建议使用的安卓版本为 4.0 以上。

(4)智能小车手机控制 App。

下载并安装智能小车手机控制 App"NLECAR. apk"。

(5)跟随目标物体。

准备好跟随目标物体,不可太小或太大,因为后续需要在摄像头中框选跟随目标物体。

2. App 接入智能小车步骤

(1)打开智能小车电源,进入功能模式选择界面,点击进入测试模式,如图 2-17 所示。

图 2-16　智能小车首页 IP 地址位置图

图 2-17　智能小车测试模式进入方式图

(2)进入测试模式后,点击被测应用“目标跟随”图标,智能小车开启目标跟随功能,如图 2-18 所示。

智能小车屏幕显示该功能使用方法,如图 2-19 所示。

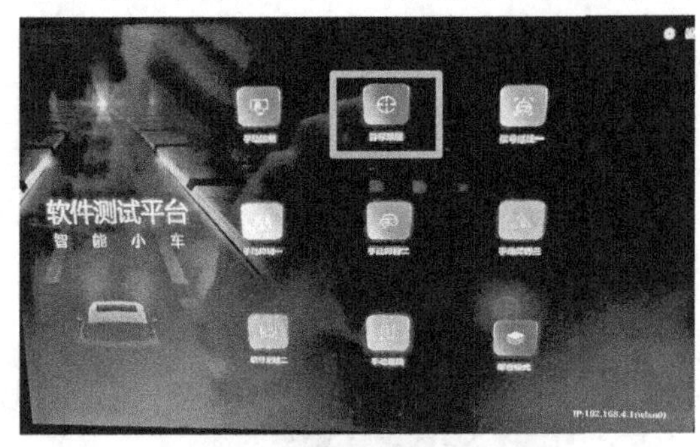

图 2-18　智能小车被测应用示意图

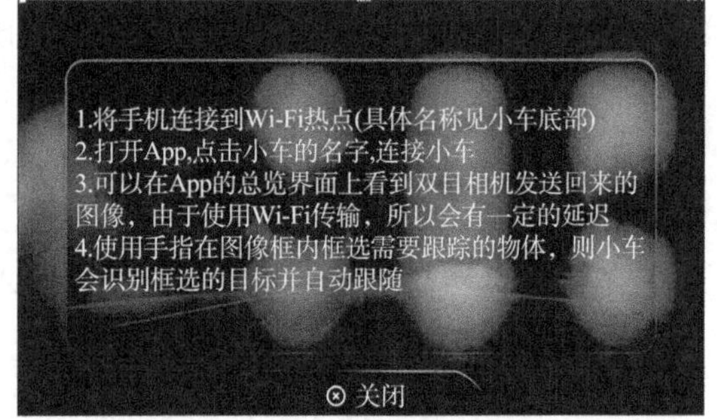

图 2-19　启动目标跟随应用

(3)启动如图 2-20 所示的手机 App。

(4)点击手机 App 应用右上角的加号,添加智能小车,如图 2-21 所示。

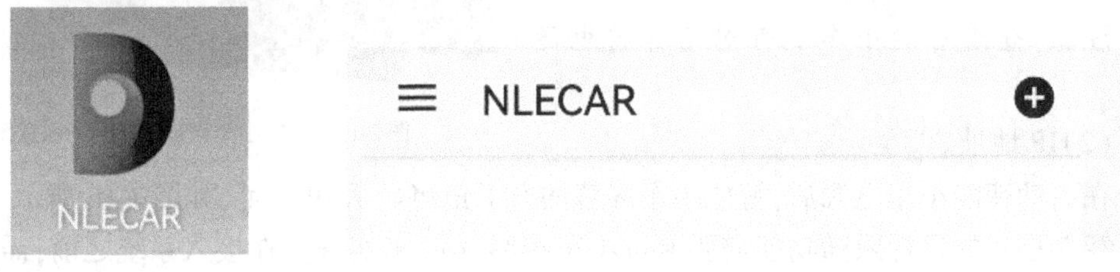

图 2-20　手机 App 启动图标

图 2-21　手机 App 添加智能小车

(5)修改智能小车配置,如图 2-22 所示。

①修改智能小车 IP 为智能小车实际 IP。

②修改“虚拟摇杆 Topic”为/cmd_vel_1。

③其他配置默认即可,然后点击 OK 按钮。

添加成功后可在智能小车控制 App 上看到加入的智能小车(如 Robot1)。

(6)手机接入智能小车热点。

当手机成功接入智能小车热点后,手机 App 中智能小车的 Wi-Fi 标志将显示 Wi-Fi 接入状态,如图 2-23 所示。

图 2-22　编辑智能小车配置

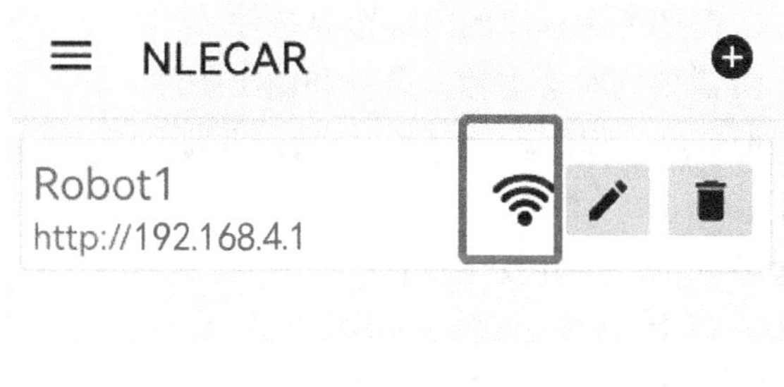

图 2-23　手机 App 接入智能小车

(7)从 App 进入智能小车。

在手机 App 中,点击接入的智能小车(如 Robot1),进入智能小车控制页面:智能小车控制页面上部分为摄像头拍摄的前景画面,下方是雷达扫描的图像,右下角为虚拟摇杆。如图 2-24 所示。

(8)用手指框选要跟随的目标,移动目标,智能小车即可自动跟随,开始进行跟随功能测试,如图 2-25 所示。

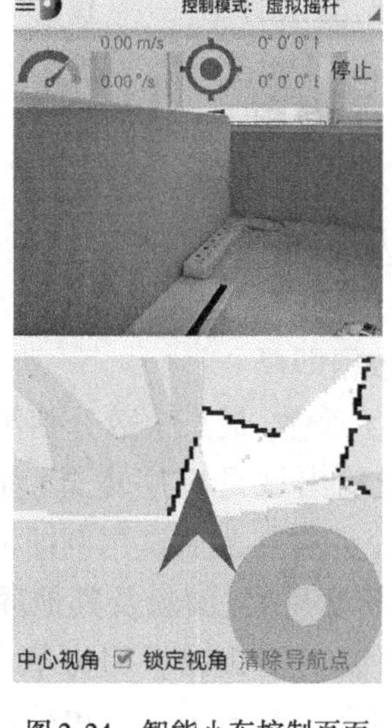

图 2-24　智能小车控制页面

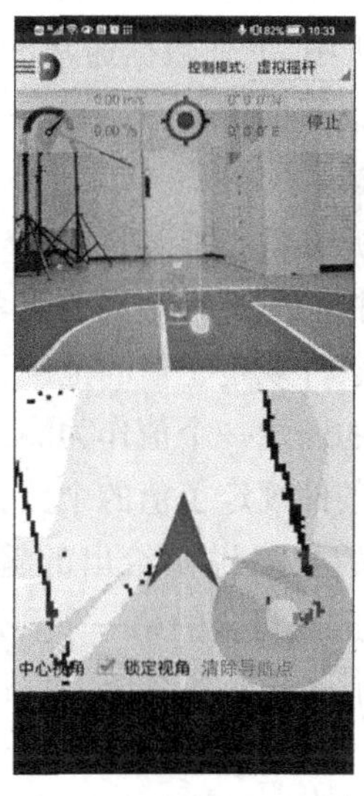

图 2-25　选中跟随目标物体

习题

一、单选题

1. 以下关于边界值分析法的叙述中,不正确的是(   )。

A. 大量错误发生在输入或输出的边界取值上

B. 边界值分析法是在决策表法基础上进行的

C. 需要考虑程序的内部边界条件

D. 需要同时考虑输入条件和输出条件

2. 健身应用程序测量每天的步数,并提供反馈以激励用户坚持健身。不同的步数的反馈如下:

最多1000——沙发土豆!

1000以上,最多2000——懒汉!

2000以上,最多4000——坚持!

4000以上,最多6000——不错!

6000以上——太棒了!

获得最高等价类划分覆盖率的是(   )组。

A. 0、1000、2000、3000、4000

B. 1000、2001、4000、4001、6000

C. 123、2345、3456、4567、5678

D. 666、999、2222、5555、6666

3. 用边界值分析法,假定X为整数,10≤X≤100,那么X在测试中应该取(   )边界值。

A. X=10,X=100　　B. X=9,X=10,X=100,X=101

C. X=10,X=11,X=99,X=100　　D. X=9,X=10,X=50,X=100

4. 在边界值分析中,下列数据通常不用做数据测试的是(   )。

A. 正好等于边界的值　　B. 等价类中的等价值

C. 刚刚大于边界的值　　D. 刚刚小于边界的值

5. 对边界值分析法理解错误的是(   )。

A. 边界值分析法是一种典型的黑盒测试方法

B. 如果输入条件规定了值的范围,则应该取刚达到这个范围的边界值,以及超过这个范围边界的任意一个值作为测试输入数据即可

C. 如果输入条件规定了值的个数,则用最大个数、最小个数分别作为测试数据即可

D. 如果程序的规格说明给出的输入域或输出域是有序集合(如有序表、顺序文件等),则应选取集合的第一个和最后一个元素作为测试用例即可

6. 你在测试一个电子商务系统,该系统主要售卖香料、面粉及其他散装食材。销售的物品要么以克为单位(对香料和其他较贵的食材来说),要么以千克为单位(对面粉和其他不贵的食材来说)。不管是什么物品,最小的有效订量是0.5个重量单位(如半克胡椒粉),最

大订量是25个重量单位(如25千克糖)。这个单位字段的精度是0.1个单位。覆盖了这个字段的边界值的输入值集合是(　　)。

A. 0,0.1,0.5,25.0　　B. 0.4,0.5,25.0,25.1

C. 0,0.2,0.9,29.5　　D. 0.5,0.6,24.9,25

7. 速度控制和报告系统具有以下特征:如果您以50千米/小时或更低的速度行驶,什么都不会发生。如果您的行驶速度超过50千米/小时但不超过55千米/小时,您将收到警告。如果您的行驶速度超过55千米/小时但不超过60千米/小时,您将被罚款。如果您的行驶速度超过60千米/小时,您的驾驶执照将被暂停。基于两点边界值分析,最可能识别的是(　　)。

A. 0,49,50,54,59,60　　B. 50,55,60

C. 49,50,54 55 60,62　　D. 50,51,55,56,60,61

8. 用等价类划分法设计8位长数字类型用户名登录操作的测试用例,应该分成(　　)个等价区间。

A. 2　　B. 3　　C. 4　　D. 6

9. 用等价类划分法设计测试用例,下列描述错误的是(　　)。

A. 如果等价类中的一个测试用例能够捕获一个缺陷,那么选择该等价类中的其他测试用例也能捕获该缺陷

B. 正确地划分等价类,可以大大减少测试用例的数量,测试会更加准确有效

C. 若某个输入条件是一个布尔量,则无法确定有效等价类和无效等价类

D. 等价类划分方法常常需要和边界值分析法结合使用

10. 为了计算员工的奖金,我们设定奖金不能是负数,但可以为零。奖金基于工作年限进行计算。分类情况有:小于或等于2年,超过2年但不到5年,5年或更长但不到10年,10年或更长。为计算奖金而覆盖所有有效等价类所需的最小测试用例数是(　　)。

A. 3　　B. 5　　C. 2　　D. 4

11. (　　)是把所有可能的输入数据划分成若干部分,然后从每一个子集中选取少数具有代表性的数据作为测试用例。

A. 等价类划分法　　B. 边界值测试

C. 基于决策表的测试　　D. 路径测试

12. 在设计等价划分或边界值分析的测试用例时,主要研究(　　)。

A. 概要设计说明与详细设计说明　　B. 需求规格说明与概要设计说明

C. 详细设计说明　　D. 项目开发计划

二、多选题

1. 给定一组输入条件,每个输入条件均对应各自连续的有效取值范围,则以下的描述中错误的是(　　)。

A. 在划分好的等价类中选择数据构建测试用例时,必须选择该等价类中的非边界值作为测试数据

B. 每个输入条件都至少可以划分为一个有效等价类和两个无效等价类

C. 如果希望更好地控制测试用例规模,则设计的测试用例能覆盖所有有效等价类即可

D. 从输入设计测试用例后,还必须围绕系统输出来补充设计测试用例

2. 下列关于边界值分析法与等价类划分法的区别说法正确的是(　　)。

A. 边界值分析不是从某等价类中随便挑一个作为代表,而是使这个等价类的每个边界都要作为测试条件

B. 边界值分析不仅考虑输入条件,还要考虑输出空间产生的测试情况

C. 同一个等价类中的任何一个测试用例,都可以代表同一等价类中的其他测试用例

D. 划分等价类可以不考虑代表"无效"输入值的无效等价类

E. 用边界值分析法设计的测试用例比等价类划分法的代表性更广,发现错误的能力也更强

3. 关于边界值的说法正确的是(　　)。

A. 边界值分析是一种补充等价划分的测试用例技术

B. 它不是选择等价类的任意元素,而是选择等价类边界的测试用例

C. 程序在处理大量中间数值时一般情况下都是对的,但是在边界处极可能出现错误

D. 边界值分析法考虑了输入变量之间的依赖关系

4. 关于等价类划分,下面说法不正确的是(　　)。

A. 等价类划分是将输入域划分成尽可能少的若干子域

B. 同一输入域的等价类划分是唯一的

C. 用同一等价类中的任意输入对软件进行测试,软件都输出相同的结果

D. 对于相同的等价类划分,不同测试人员选取的测试用例集是一样的

5. 在边界值分析中,下列数据通常用作测试数据的是(　　)。

A. 正好等于边界的值　　B. 等价类中的典型值

C. 刚刚大于边界的值　　D. 刚刚小于边界的值

三、判断题

1. 边界值分析法需要先运用等价类划分法划定等价类。(　　)

2. 等价类划分属于白盒测试。(　　)

3. 等价类划分有两种不同的情况:有效等价类和无效等价类。(　　)

4. 使用等价类划分方法时,需要对每个有效等价类设计一个用例。(　　)

5. 使用边界值分析法测试时,只取边界两个值即可完成边界测试。(　　)

6. 如果程序的输入条件规定了值的个数,则用最大个数、最小个数、比最大个数少 1 个、比最小个数多 1 个的数作为测试数据。(　　)

7. 如果程序规格说明给出的输入域或输出域是有序集合,则应选取集合的第一个和最后一个元素作为测试输入值。(　　)

8. 设计测试用例时应该考虑到合法的输入和不合法的输入以及各种边界条件。(　　)

学习任务三

判定表方法与测试运用

学习目标

❖ **知识目标**

1. 掌握判定表的结构,理解各构件的含义;
2. 掌握规则数的计算方法;
3. 理解判定表简化方法;
4. 理解判定表的适用场景。

❖ **技能目标**

1. 能根据需求识别出所有的条件桩和动作桩;
2. 能根据规范构建并设计判定表;
3. 能以合并相似规则为目标简化判定表;
4. 能根据判定表导出最终的测试用例;
5. 能根据测试用例执行测试,并记录测试结果。

❖ **素质目标**

1. 通过需求分析、设计判定表等活动,培养严谨、细致的职业素养;
2. 通过检查判定表的冗余和不一致,培养批判性思维能力;
3. 通过小组分工协作,培养沟通能力和团队协作能力。

学习情境

某汽车公司正在研发一款新的智能汽车,该款新车型提供红绿灯控制下的智能巡线功能(模式一)。目前该功能已基本开发完成,在进行实车测试前,为了进行功能验证,该公司开发了智能小车进行实车模拟实验。

你被安排完成本次开发的红绿灯控制下的智能巡线功能(模式一)测试,并提交以下功能测试工作产品:

(1)设计测试用例(使用判定表技术)。

(2)执行测试(提交缺陷报告)。

注意:在工作过程中需遵守功能测试规范及安全实验标准。

思维导图

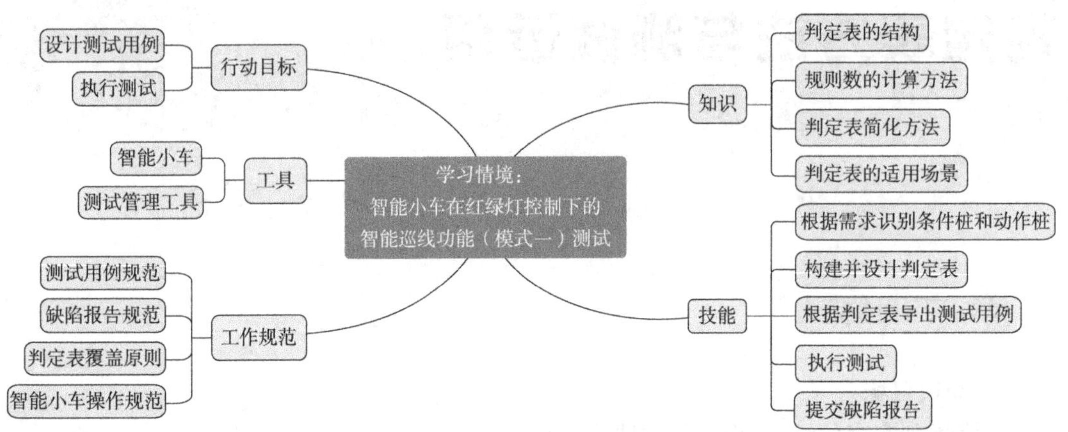

一 相关知识

判定表方法的原理与应用①

(一)判定表技术

在程序设计发展的初期,判定表就已经是编写程序的辅助工具了。它可以把复杂的逻辑关系和多种条件的组合情况表达得既具体又明确,能够将复杂的问题按照各种可能的情况全部列举出来,简单明了并能有效避免遗漏。

面对一些涉及多判断条件且各条件之间又相互组合、对应不同操作的数据处理问题,判定表显得尤为适用。在黑盒测试方法中,判定表测试是一种较为严格且具有逻辑性的测试方法,它可以设计出完整的测试用例集合。

(二)判定表的结构

判定表是一个用来表示条件和动作的二维表,具体如图 3-1 所示。它由四部分组成:条件桩、动作桩、条件项、动作项。

条件桩:在左上方,用 C(condition)标记,列出了该问题的所有条件。

动作桩:在左下方,用 A(action)标记,列出了问题规定的可能采取的操作。

条件项:在右上方,用 R(rule)标记,针对条件桩给出的条件,列出所有可能的取值。

动作项:在右下方,指出在条件项的各组取值情况下应采取的动作。

在判定表中贯穿条件项和动作项的一列就是一条规则。

在有限判定表中,所有条件的值(除了不相关或不可行的条件外)都是二值条件,即用布尔值(“真”或“假”)表示。

在扩展判定表中,条件可以采用多个取值(如数字范围、等价类、离散值等)。

NO	说明	R1	R2	R3	R4	R5
C1	条件桩			条件项		
C2						
C3						规则
规则数						
A1						
A2	动作桩			动作项		
A3						
A4						

图 3-1　判定表的组成

条件通常用以下符号表示：

（1）"T"或"Y"表示满足条件。

（2）"F"或"N"表示不满足条件。

（3）" －"表示条件的取值与动作结果不相关。

（4）"N/A"表示该条件对于给定的规则是不可行的。

动作通常用以下符号表示：

（1）"X"表示动作应该发生。

（2）空白表示动作不应该发生。

（三）判定表的简化

实际使用判定表时，会以合并相似规则为目标对其进行简化。判定表的简化主要包含：规则合并与规则包含。

1. 规则合并

如果两条或多条规则的动作项相同，条件项只有一项不同，则可将该项合并，合并后的条件项用符号" －"表示，说明执行的动作与该条件的取值无关，称为无关条件，也称为不关心项，如图 3-2 所示。

2. 规则包含

无关条件项" －"在逻辑上又可包含其他的条件项取值，具有相同动作的规则还可进一步合并，如图 3-3 所示。

C1	T	T
C2	F	F
C3	T	F
A1	X	X

→

T
F
－
X

图 3-2　规则合并

C1	T	T
C2	F	F
C3	－	F
A1	X	X

→

T
F
－
X

图 3-3　规则包含

通常会使用规则数来校验判定表是否存在冗余或不一致。

如果是有限判定表，那么规则数等于 2^n，其中 n 表示条件的个数，如图 3-4 所示。在条件项中，每一个不关心项表示2，其余取值表示1；在每一条规则中将它们相乘就得到了对应的规则数。如果把所有规则数相加后等于2^n，则表示该判定表不存在冗余或不一致，反之则表示有问题。

NO	说明	R1	R2	R3	R4	R5
C1		T	F	F	F	F
C2		–	T	T	F	F
C3		–	T	F	F	T
规则数	8	4	1	1	1	1
A1						

图3-4　规则数计算

如果是扩展判定表，那么规则数等于每一个条件可能取值数的乘积。按上面的步骤依次计算出总规则数以及每一条规则对应的规则数，如果相加结果一致，则表示判定表没有问题。

(四)判定表覆盖率计算

在判定表测试中，测试覆盖项是指包含所有可行条件组合的列。为了让这种技术达到100%的覆盖率，测试用例必须执行所有的这些列。覆盖率的计算方式为：已被执行的列数量除以可执行列的总数，并以百分比表示。

$$\text{判定表覆盖度量}=\frac{\text{已测试的判定规则数量}}{\text{总的判定规则数量}}\times 100\%$$

(五)判定表的适用场景

判定表方法的原理与应用②

以下是判定表方法的一些适用场景：

(1)针对不同逻辑条件的组合值，分别执行不同的操作。

(2)针对多种输入、输出条件的表达组合以及条件组合。

(3)需求规格说明以判定表形式给出，或很容易转换成判定表。

判定表测试提供了系统化的方法来识别所有的条件组合，从而设计出全面的测试用例集合；它通过结构化的表格形式，清晰展示了输入条件与预期动作之间的关系，使得测试逻辑便于理解和分析；它也有助于发现需求中的漏洞或不一致之处。

然而随着条件的增多，判定表会变得异常庞大(规则数量随着条件数量呈指数增长)，那么执行所有的判定规则会很耗时。在这种情况下，为了减少需要执行的规则的数量，可以采用最小化判定表的方法或基于风险的方法。

(六)判定表方法案例解析

超市中如果某产品的销量好并且库存量低，则继续销售并增加该产品的进货量；如果该产品销量好，但库存量不低，则继续销售；如果该产品销量不好，但库存量低，则下架该产品；如果该产品销量不好，且库存量不低，如果有空货架则继续销售，如果没有空货架，则下架该产品(销量1000以上是好,库存50以下是低)。

(1)列出所有的条件桩和动作桩。

①条件桩:

C1:销量好。

C2:库存量低。

C3:有空货架。

②动作桩:

A1:继续销售。

A2:增加进货量。

A3:下架产品。

(2)设计初始判定表。

根据图3-1,将条件桩、条件项、动作桩、动作项依次填入判定表中。计算每一条规则对应的规则数,相加后与总规则数比较,二者相等代表判定表无误。判定表设计如图3-5所示。

NO	说明	R1	R2	R3	R4	R5
C1	销量好	T	T	F	F	F
C2	库存量低	T	F	T	F	F
C3	有空货架	-	-	-	T	F
规则数	8	2	2	2	1	1
A1	继续销售	X	X		X	
A2	增加进货量	X				
A3	下架产品			X		X

图3-5 判定表设计

(3)简化判定表。

对判定表进行检查,合并相似规则。在本案例中,不存在可合并的规则项。

(4)导出测试用例。

每一条规则对应着一个测试用例,本案例可导出5个测试用例,如表3-1所示。

测试用例 表3-1

用例编号	销量	库存	空余货架	预期结果
1	2000	30	1	继续销售,增加进货量
2	1500	500	0	继续销售
3	500	40	2	下架产品
4	300	300	2	继续销售
5	100	200	0	下架产品

二 任务实施

(一) 工作准备

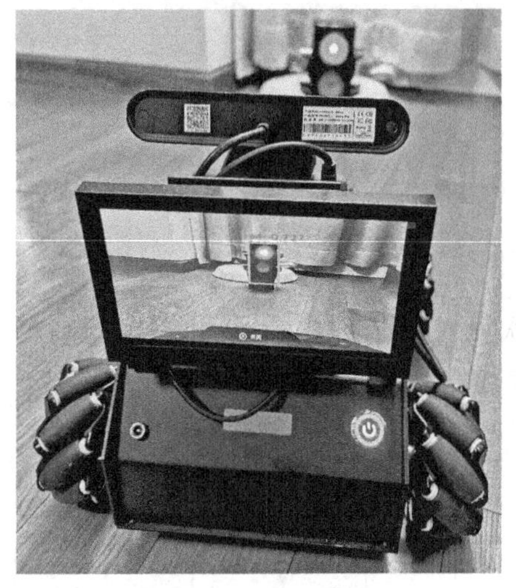

图 3-6 红绿灯信息识别

完成本学习情境的功能测试任务,需要用到智能小车。

1. 智能小车在红绿灯控制下的智能巡线功能

智能小车通过摄像头采集图片数据,利用 YOLOv3 算法对图片进行交通红绿灯元素检测,并将检测到的信号传回智能小车系统。智能小车根据接收到的信号实现"红灯停、绿灯行"的功能,如图 3-6 所示。

智能小车通过读取视频流中的图片,利用高斯滤波、边缘检测等算法对图片进行处理,从而计算得出车道线;同时,使用 PID 算法计算智能小车速度以控制其沿车道智能巡线,如图 3-7 所示。

至此,智能小车实现了在红绿灯控制下的智能巡线功能,如图 3-8 所示。

图 3-7 智能小车巡线功能展示

图 3-8 红绿灯控制下的智能小车巡线功能

2. 智能小车红绿灯控制规则

智能小车的红绿灯控制功能默认开启,无须进行额外设置。智能小车的深度摄像头对红绿灯的识别范围为 0.5 ~2.5m。具体规则如图 3-9 所示。

(1)当智能小车摄像头画面显示红灯信号时,运行中的智能小车会停止运行;静止的智能小车将继续静止。

(2)当智能小车摄像头画面显示绿灯信号时,智能小车继续之前的运行。

(3)当智能小车摄像头画面不显示任何红绿灯信号时,智能小车运行不受影响。

注意: 在红绿灯同时亮起时,智能小车应停止运行,处于静止状态。

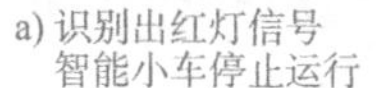
a) 识别出红灯信号 智能小车停止运行

b) 识别出绿灯信号 智能小车继续运行

c) 没有红绿灯信号 智能小车运行模式不变

图 3-9 红绿灯控制模式

3. 智能小车巡线规则

在智能小车巡线过程中,系统会根据 PID 算法随时调整智能小车的行进方向与速度,确保智能小车沿着车道运行。具体而言:

(1)如果智能小车车头位置偏左,巡线时会自动转右校正回到路线中间。

(2)如果智能小车车头位置偏右,巡线时会自动转左校正回到路线中间。

(3)如果智能小车车头及行进方向与路线一致,则继续保持当前巡线方向。

注意:如需停止智能巡线模式,点击智能小车触摸屏上的“关闭”按钮即可。

(二)实施步骤

1. 准备工作

(1)巡线道路。确认巡线道路已平铺在地上,线路图上没有遮挡物。

(2)红绿灯设备。确认可被识别的红绿灯设备已就位。

2. 接入步骤

(1)在功能选择界面中,点击“测试模式”图标,如图 3-10 所示。

(2)进入测试模式后,点击“信号巡线一”图标,如图 3-11 所示。

图 3-10 智能小车测试模式进入方式图

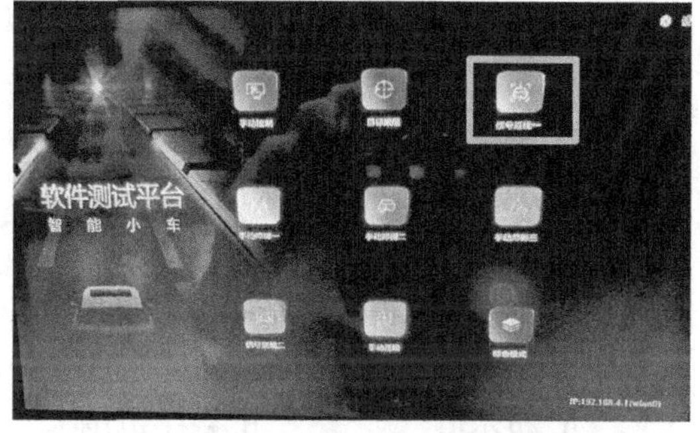

图 3-11 启动智能巡线(模式一)应用

(3)被测应用“信号巡线一”成功启动后,智能小车屏幕会显示摄像头拍摄的画面,如

图 3-12 所示。

图 3-12　智能小车摄像屏幕显示拍摄画面

至此，智能小车智能巡线应用启动成功，可开始执行测试。

习题

一、单选题

1. 判定表最适合处理（　　）。

   A. 问题条件单一　　B. 问题条件多样且相互组合

   C. 问题条件少　　D. 问题条件固定不变

2. 在判定表中，用来标记条件桩的字母是（　　）。

   A. C　　B. A　　C. R　　D. T

3. 在判定表中，"T"或"Y"表示（　　）。

   A. 不满足条件　　B. 条件的取值与动作结果不相关

   C. 该条件对于给定的规则是不可行的　　D. 满足条件

4. 在判定表中，"X"表示（　　）。

   A. 动作不应该发生　　B. 动作应该发生

   C. 条件的取值与动作结果不相关　　D. 该条件对于给定的规则是不可行的

5. 有限判定表中所有条件的值用（　　）表示。

   A. 布尔值　　B. 数字范围　　C. 等价类　　D. 离散值

6. 无关条件用符号（　　）表示。

   A. T　　B. -　　C. Y　　D. X

7. 有限判定表的规则数的计算方式是(　　)。

A. 条件数相加　　B. 条件数相乘

C. 2 的 n 次方,n 为条件数　　D. 条件可能取值数相乘

8. 扩展判定表的规则数的计算方式是(　　)。

A. 条件数相加　　B. 条件数相乘

C. 2 的 n 次方,n 为条件数　　D. 条件可能取值数相乘

二、多选题

1. 判定表由(　　)组成。

A. 条件桩　　B. 动作桩　　C. 条件项　　D. 动作项

2. 在判定表中,(　　)可以用来表示条件。

A. T　　B. F　　C. -　　D. N/A

3. 判定表简化包括(　　)。

A. 规则合并　　B. 规则包含　　C. 条件合并　　D. 动作合并

4. 判定表测试的缺点可能包括(　　)。

A. 难以应对需求变更　　B. 难以发现设计中的缺陷

C. 随着条件增多,判定表变得庞大　　D. 无法对循环体结构类型进行分析

5. 判定表测试在黑盒测试方法中的特点有(　　)。

A. 最为严格　　B. 最具逻辑性

C. 易于设计测试用例　　D. 测试用例数量最少

三、判断题

1. 判定表可以把复杂的逻辑关系表达得简单明了。(　　)

2. 判定表中的动作桩用字母 A 标记。(　　)

3. 有限判定表中所有条件的值都是二值的。(　　)

4. 判定表测试有助于发现需求中的漏洞或不一致之处。(　　)

5. 随着条件数量的成倍增加,判定表测试的效率会提高。(　　)

四、填空题

1. 判定表由条件桩、________、条件项、________四部分组成。

2. 规则合并的条件是多条规则的动作项________,条件项只有一项不同。

3. 在有限判定表中,所有条件的值都是用________表示的。

4. 在判定表中贯穿条件项和动作项的一列就是一条________。

学习任务四

分类树/组合测试方法与测试运用

学习目标

❖ 知识目标

1. 掌握分类树技术的原理和构建方法；
2. 掌握最小组合、完全组合、结对组合等常见组合测试的原理和使用方法；
3. 掌握分类树技术和组合测试的联合使用方法；
4. 理解分类树技术的适用场景；
5. 理解组合测试的适用场景。

❖ 技能目标

1. 能根据需求进行分类、类和子类的划分，并构建完成分类树；
2. 能根据要求选择适合的组合测试方法，绘制完成分类图；
3. 能根据分类树图导出合理的测试用例；
4. 能使用 PICT 工具进行测试用例的设计；
5. 能根据测试用例执行测试，并记录测试结果。

❖ 素质目标

1. 通过构建分类树、绘制分类图等活动，培养严谨、细致的职业素养；
2. 通过检查分类树导出的测试用例的不合理性，培养批判性思维能力；
3. 通过小组分工协作，培养沟通能力和团队协作能力。

学习情境

某汽车公司正在研发一款新的智能汽车，该款新车型提供红绿灯控制下的手动行驶/自动避障功能(模式一)。目前该功能已基本开发完成，在进行实车测试前，为了进行功能验证，该公司开发了智能小车进行实车模拟实验。

你被安排完成本次开发的红绿灯控制下的手动行驶/自动避障功能(模式一)测试，并提交以下功能测试工作产品：

(1)设计测试用例(使用分类树/组合测试方法)。

(2)执行测试(提交缺陷报告)。

注意:在工作过程中需遵守功能测试规范及安全实验标准。

思维导图

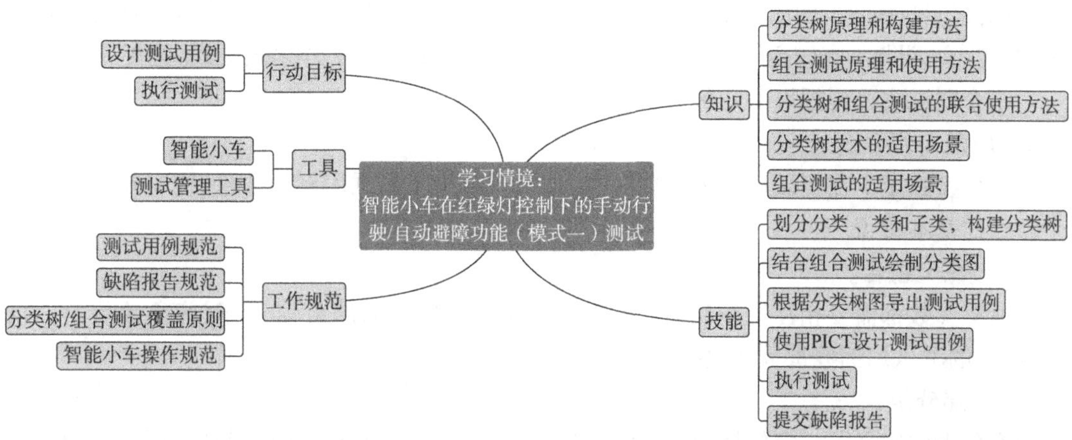

一 相关知识

分类树/组合测试方法的原理与应用

(一)分类树测试技术

分类树测试技术利用测试项模型对测试项的输入进行划分,并用分类图进行图形化展示。测试项的输入被分为若干个独立的分类,要求分类集是完整的,即所有输入域都被识别并包括在所有分类内。每个分类应是一个测试条件。

根据测试的严格程度,通过分解分类得到的"类"可能会被进一步分解为"子类"。将分类、类和子类之间的层级关系塑造成一棵树,测试项的输入域作为树的根节点,分类作为分支节点,类或者子类作为叶节点,如图4-1所示。

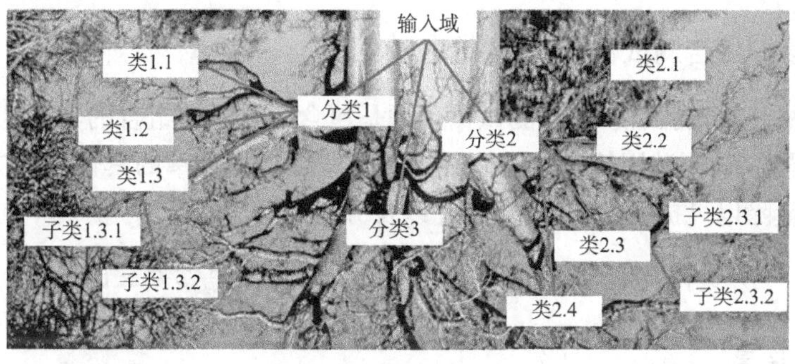

图4-1 分类树图例

分类树技术依据不同的分类方式对测试对象的可能输入进行分类,每一种分类要考虑的是测试对象的不同方面,然后把这些分类后的输入组合在一起,以生成不冗余的测试用例,确保测试能覆盖测试对象的整个输入域。

(二)组合测试

当测试项的输入域被划分为多个类,而每个类下面又有多个选值时,该测试项可能产生的测试组合数量会非常庞大,甚至可能导致组合爆炸。组合测试法是按照一定的组合策略来设计测试,它能使用较少的测试用例有效地检测测试项中各个分类以及它们之间的相互作用的影响,实践证明其具有较高的错误检出率。通常,组合测试会和分类树测试技术搭配使用。

组合测试主要包括以下几种:

(1)最小组合。

每个参数至少在测试用例中出现一次,该策略减少了测试用例的数量,同时能保证对每个参数的基本覆盖。

(2)完全组合。

所有参数都需要相互进行组合,该策略可以提供最全面的覆盖,但随着参数数量的增加,所需的测试用例数量呈指数级增长。

(3)部分组合。

在分类中定义了一定数目的类作为子集,在这个子集内所有参数之间要进行相互结合,子集外的参数只需保证至少出现一次。该策略较为灵活,允许测试者根据特定的测试目标或约束条件选择测试一部分参数组合。

(4)结对组合。

结对组合是部分组合的一种。针对分类的一个子集,让子集内所有的参数相互进行完全组合。

(5)三元组合。

三元组合是部分组合的一种。针对分类的一个子集,构建分类的所有可能的三元组合,并且子集内所有的类相互进行完全组合。

美国国家标准和技术研究院(National Institute of Standards and Technology,NIST)的Kuhn 等人经过研究提出,结对组合测试能够检测出系统中70%的缺陷,而三元组合测试能够检测出系统中90%的缺陷,六元组合测试几乎可以发现所有缺陷。

(三)分类树/组合测试覆盖率计算

使用分类树/组合测试技术时,测试覆盖项是包含可行条件组合的项。为了让这种技术达到100%的覆盖率,测试用例必须执行所有的这些项。覆盖率的具体度量方法是:将已被执行的项的数量除以可执行的项的总数,并以百分比表示。

$$\text{分类树/组合覆盖度量} = \frac{\text{已测试的分类组合数量}}{\text{总的分类组合数量}} \times 100\%$$

(四)适用场景

以下是分类树测试技术的一些适用场景:

(1)当测试对象的输入域可以明确划分,且每个分类具有明确的属性或特征时,分类树

测试技术能有效地将输入域分解为独立的类别。

(2)当测试对象的每个类中的特定值或值的类型在相互作用时会产生影响，分类树测试技术可以有效系统化这些交互影响。

(3)分类树的创建可以帮助测试分析师识别感兴趣的参数(分类)和对应的等价类(类)，对分类树的进一步分析可以确定可能的边界值，因此分类树测试技术可以用来支持等价类划分、边界值分析或结对测试。

随着分类或类的数量增加，图表会变得很大，不容易使用。此外，分类树技术不能用于创建完整的测试用例，而只能创建测试数据组合。测试分析师必须为每个测试组合提供结果，以生成完整的测试用例。

当测试项的分类很多且取值也很多时，组合测试可以显著减少测试用例的数量，有效节省项目时间和资源。在不同的测试需求和约束条件下，组合测试可以选择不同的组合策略，提高发现潜在缺陷的可能性。但在使用组合测试设计测试用例时，必须结合业务实际需求来组合参数。比如，通过增加约束条件进一步减少用例的数量(删除组合在一起没有实际意义的用例)，从易用性、用户习惯等方面考虑组合涉及的因素是否合理等。

(五)分类树方法案例解析

分类树/组合测试方法的案例解析

某跨境电商 App 的系统设置功能提供了以下几个选项，各选项允许的取值分别是：

角色：商家、买家、管理员。

状态：正常、异常。

语言：中文、英语、西班牙语、阿拉伯语、法语、德语。

主题颜色：深色、浅色、节日主题。

(1)识别测试特征集。

“分类”代表测试对象数据空间中的参数。在本案例中的分类包括角色、状态、语言、主题颜色。

每个分类可以划分为若干个“类”和“子类”用来描述当前参数。在本案例中，每个分类冒号后面的就是已经划分好的类。

(2)构建分类树。

根据划分好的分类和类，构建分类树，如图 4-2 所示。

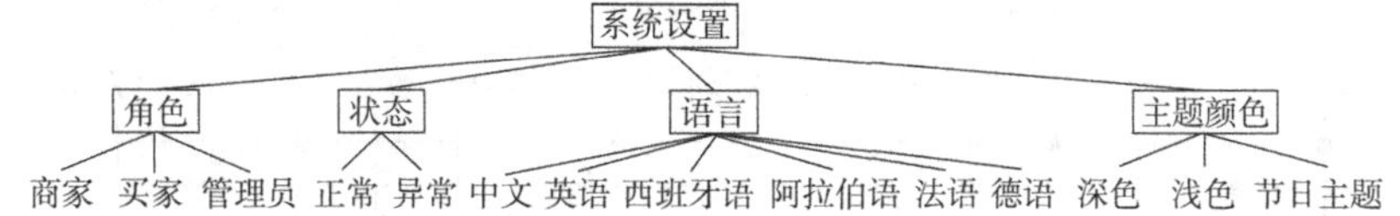

图 4-2 系统设置功能的分类树

注意：分类树的细分应该遵循够用原则，即细分到能帮助测试人员进行用例设计，并可作为用例输入的具体类型依据。

(3)生成测试用例。

①根据分类树图生成每个参数值，如图 4-3 所示。

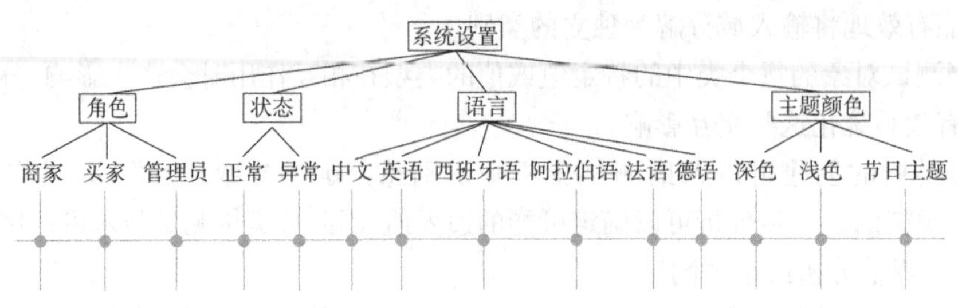

图 4-3　分类树的叶节点

直接用分类树的叶节点构建一个参数组合表的表头，如表 4-1 所示。

系统设置功能的参数表头　　表 4-1

用例编号	角色			状态		语言						主题颜色		
	商家	买家	管理员	正常	异常	中文	英语	西班牙语	阿拉伯语	法语	德语	深色	浅色	节日主题
1														
2														

②遵循规则选择参数值。

由分类树可以看出，“角色”有 3 个参数，“状态”有 2 个参数，“语言”有 6 个参数，“主题颜色”有 3 个参数。因为每一个分类中的参数都是互斥的，所以只需要考虑 4 个分类各取 1 个参数的组合情况，这里要用到组合测试。

不同的场景会选择不同的组合测试标准，如在要求精细、严格的航空/军工领域，往往会使用完全组合测试；在大部分的商业应用中，通常会采用结对组合测试。

如果本案例要求采用最小组合，那么就要求分类树中的每个叶节点都需要出现过一次。实际上符合最小组合原则的最高效测试用例数就是分类中叶节点的最大值。在本案例中，4 个分类的叶节点数分别是 3、2、6、3，最大值是 6。那么就需要 6 个测试用例达到最小组合，如图 4-4 所示。

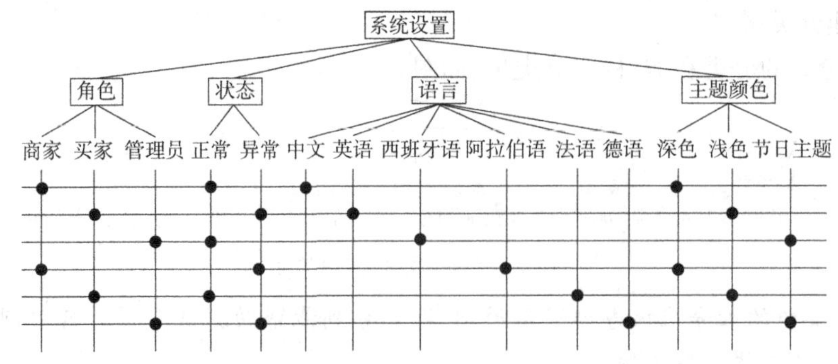

图 4-4　系统设置功能分类树的最小组合

参数表就应如表 4-2 所示。

系统设置功能的最小组合参数表 表 4-2

用例编号	角色			状态		语言						主题颜色		
	商家	买家	管理员	正常	异常	中文	英语	西班牙语	阿拉伯语	法语	德语	深色	浅色	节日主题
1	y			y		y						y		
2		y			y		y						y	
3			y	y				y						y
4	y				y				y			y		
5		y		y						y			y	
6			y		y						y			y

如果本案例要求采用结对组合,那么就要求每个分类的每个选项都要跟其他分类的各个选项进行组合。为了达到结对组合要求,最高效率的测试用例数计算方式是将分类中选项最多的 2 个值相乘。在本案例中,4 个分类的叶节点数分别是 3、2、6、3,最大的两个值分别是 6 和 3,相乘后得到 18。因此,需要设计 18 个测试用例以达到结对组合的要求,如图 4-5 所示。

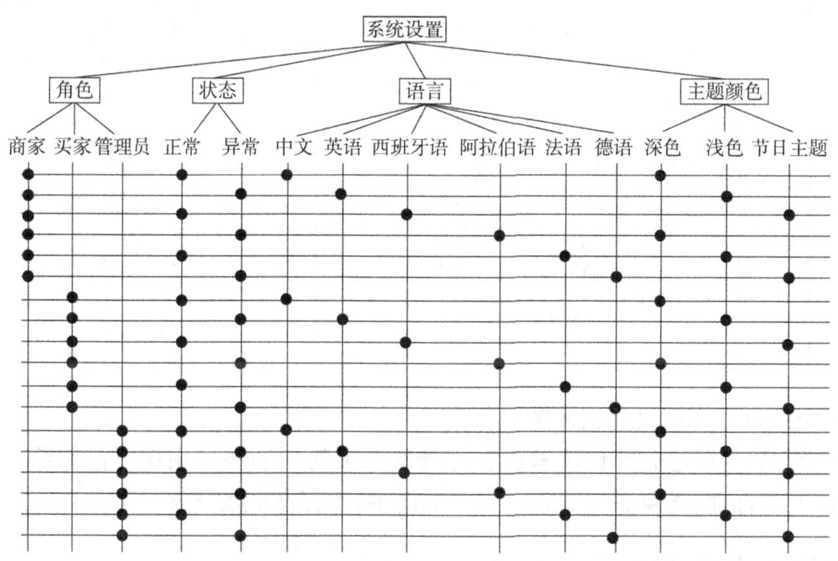

图 4-5 系统设置功能分类树的结对组合

参数表就应如表 4-3 所示。

系统设置功能的结对组合参数表 表 4-3

用例编号	角色			状态		语言						主题颜色		
	商家	买家	管理员	正常	异常	中文	英语	西班牙语	阿拉伯语	法语	德语	深色	浅色	节日主题
1	y			y		y						y		

续上表

用例编号	角色			状态		语言						主题颜色		
	商家	买家	管理员	正常	异常	中文	英语	西班牙语	阿拉伯语	法语	德语	深色	浅色	节日主题
2	y				y		y						y	
3	y			y				y						y
4	y				y				y			y		
5	y			y						y			y	
6	y				y						y			y
7		y		y		y						y		
8		y			y		y						y	
9		y		y				y						y
10		y			y				y			y		
11		y		y						y			y	
12		y			y						y			y
13			y	y		y						y		
14			y		y		y						y	
15			y	y				y						y
16			y		y				y			y		
17			y	y						y			y	
18			y		y						y			y

(4)考虑是否存在违反现实的情况。

在某些情况下,通过分类树技术和组合测试导出的个别测试用例可能在物理世界中不存在或逻辑上不合理,需要进行删除。在本案例中,不存在此类情况。

(六)使用工具辅助完成用例设计

在组合测试中,结对组合和三元组合都是非常有效的测试用例设计方法,但在实际工作过程中,手动去生成参数组合是很耗时且容易出错的。事实上,现在已经有很多工具可以帮助我们完成用例设计。

如 PICT(pairwise independent combinatorial testing),它是在微软公司内部使用的一款成对组合的命令行生成工具,现已对外提供。PICT 可以有效地按照两两测试的原理,进行测试用例设计;它能够解决手动设计大量测试用例时效率低和易出错的问题,能有效提高用例设计的效率和准确性。在使用 PICT 时,需要输入与测试用例相关的所有参数,以达到全面

覆盖的效果。

PICT 工具的安装和使用过程较为简单，请扫描二维码自主学习，并试一试用 PICT 完成“某跨境电商 App 的系统设置功能”的测试用例设计。

PICT 工具使用方法

二 任务实施

(一) 工作准备

完成本学习情境的功能测试任务，需要用到智能小车。

1. 智能小车自动避障功能

在自动避障模式下，智能小车识别到前方有障碍物时就会停止行进。

注意：在当前版本中，智能小车仅能识别停字牌，如图 4-6 所示。

图 4-6　智能小车识别到停字牌

智能小车的有效识别距离为 0.5 ~ 2.5m(含)，避障距离为 0.5 ~ 0.8m(含)。也就是说智能小车能识别出位于 0.5 ~ 2.5m 之内的物体，当识别到停字牌处于 0.5 ~ 0.8m 的距离内时，将停止前进，直到停字牌不在避障距离内才会继续移动，如图 4-7 所示。

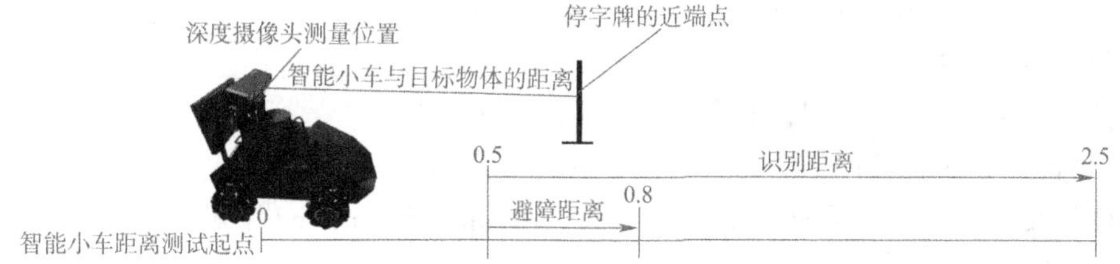

图 4-7　避障距离示意图(单位：m)

结合红绿灯控制功能，智能小车在行驶中碰到红灯将停止，直到红灯熄灭或绿灯亮起；碰到障碍物也会停止，直到障碍物移开。

2. 智能小车手动行驶功能

智能小车可通过手机控制 App 的摇柄实现手动行驶功能(也可以如任务一使用键盘进行手动控制)。

在启动智能小车“手动障碍一”模式后，将安装了控制 App 的手机接入智能小车系统，通过手机 App 的摇柄功能控制智能小车进行向前、向后、左转、右转的移动，如图 4-8 所示。

3. 红绿灯控制下的手动行驶/自动避障功能

在启动智能小车“手动障碍一”模式且手机 App 成功接入智能小车系统后，智能小车将进入红绿灯控制下的手动行驶/自动避障功能模式(模式一)，如图 4-9 所示。

在该模式下，3 种控制叠加进行，严格控制智能小车的行为：

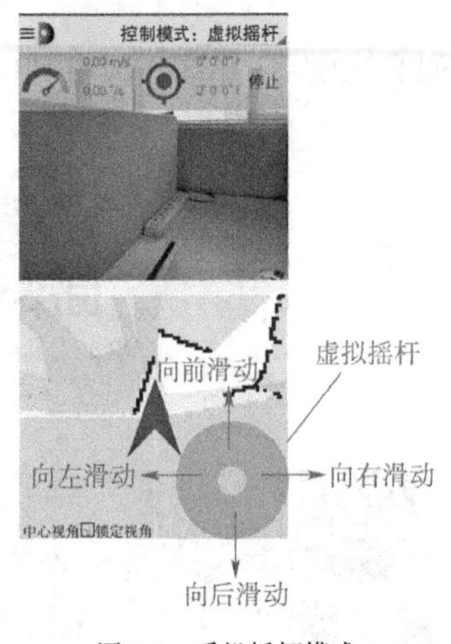

图 4-8　手机摇柄模式

图 4-9　红绿灯控制下的手动行驶/自动避障功能

(1)如果检测到红灯,智能小车不能行驶。

(2)如果检测到障碍物,智能小车不能行驶。

(3)当且仅当没有识别到红灯和障碍物时,智能小车才能手动行驶。

(二)实施步骤

1. 准备工作

智能小车自动避障功能需要通过手机 App 控制进行。

(1)Andriod 手机。

App 目前仅支持安卓手机,建议安卓版本在 4.0 以上。

(2)智能小车手机控制 App。

下载并安装智能小车手机控制 App“NLECAR. apk”至 Andriod 手机。

(3)障碍物。

在当前版本中,智能小车仅能识别停字牌。

2. App 接入小车步骤

(1)进入测试模式后,点击“手动障碍一”图标,如图 4-10 所示。

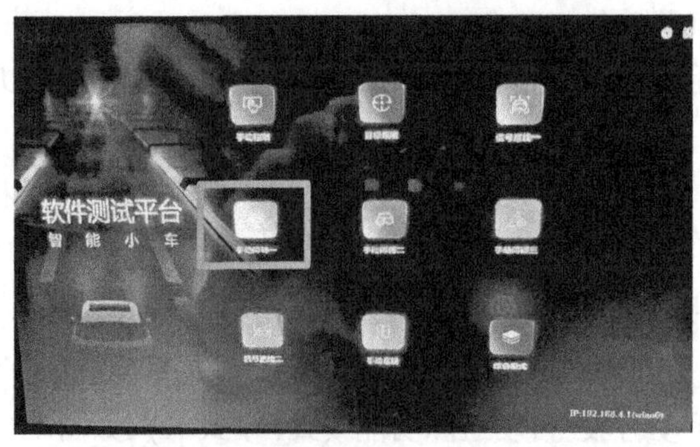

图 4-10　智能小车被测应用示意图

(2)智能小车开启手动行驶/自动避障功能后,智能小车屏幕显示摄像头信号,如图 4-11 所示。

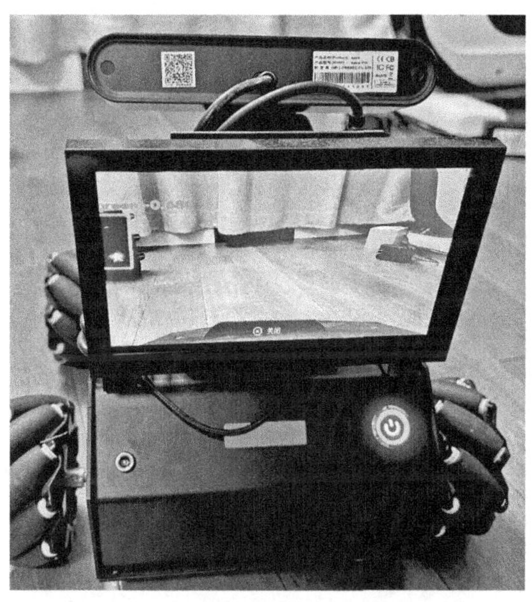

图 4-11　智能小车摄像屏幕显示拍摄信号

(3)启动如图 4-12 所示的手机 App。

(4)点击手机 App 应用右上角的加号,添加智能小车,如图 4-13 所示。

图 4-12　手机 App 启动图标

图 4-13　手机 App 添加智能小车

(5)修改智能小车配置,如图 4-14 所示。

①修改智能小车 IP 为小车实际 IP。

②修改“虚拟摇杆 Topic”为/cmd_vel_1。

③其他配置默认即可,然后点击 OK 按钮。

添加成功后可在智能小车控制 App 上看到加入的智能小车(如 Robot1)。

(6)手机接入智能小车热点。

当手机成功接入智能小车热点后,手机 App 中小车的 Wi-Fi 标志将显示 Wi-Fi 接入状态,如图 4-15 所示。

(7)App 控制进入智能小车

在智能小车控制 App 中,点击接入的智能小车(如 Robot1),进入智能小车控制页面,如图 4-16 所示。

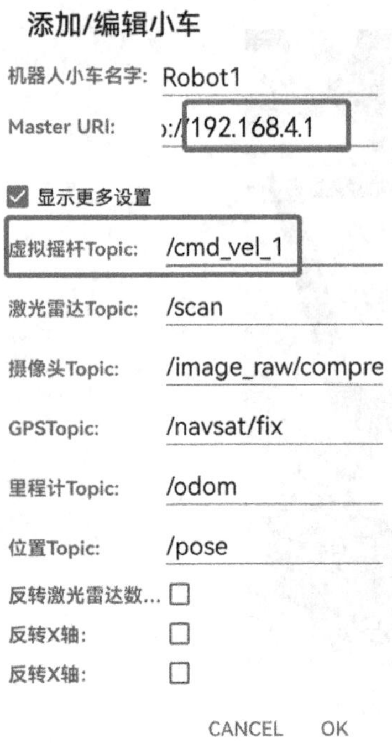
添加/编辑小车
机器人小车名字: Robot1
Master URI: ://192.168.4.1
显示更多设置
虚拟摇杆Topic: /cmd_vel_1
激光雷达Topic: /scan
摄像头Topic: /image_raw/compre
GPSTopic: /navsat/fix
里程计Topic: /odom
位置Topic: /pose
反转激光雷达数...
反转X轴:
反转X轴:
CANCEL
OK

图 4-14　编辑智能小车配置

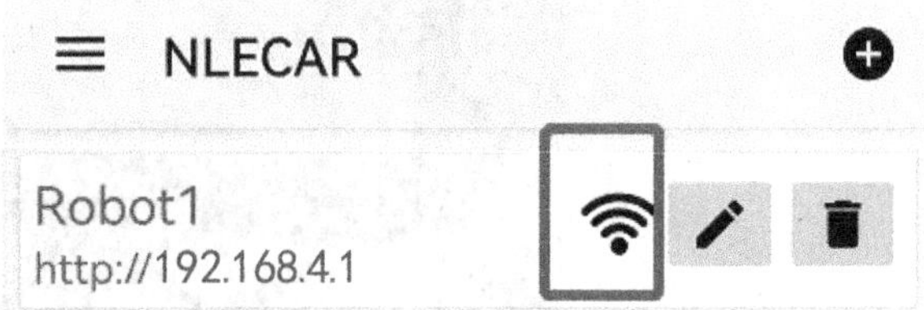
NLECAR
Robot1
http://192.168.4.1

图 4-15　手机 App 接入智能小车

控制模式: 虚拟摇杆
0.00 m/s
停止
中心视角
锁定视角
清除导航点

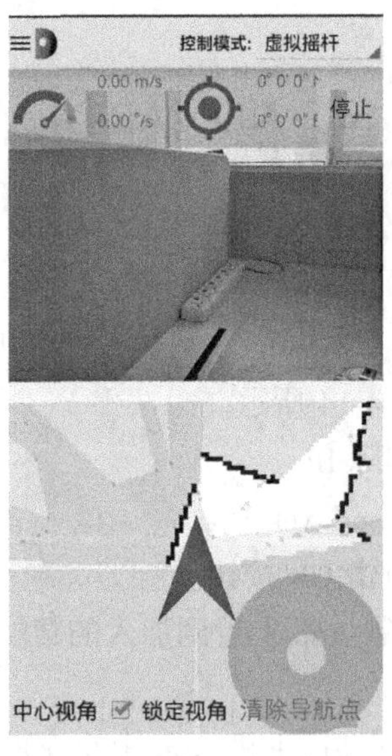

图 4-16　智能小车控制页面

智能小车控制页面上方是摄像头拍摄的前景画面，下方是雷达扫描的图像，右下角为虚拟摇杆。

至此，智能小车红绿灯控制下的手动行驶/自动避障模式启动及接入完成。

习题

一、单选题

1. 在分类树测试技术中，测试项的输入域通常作为树的(　　)。

A. 叶节点　　B. 分支节点　　C. 子节点　　D. 根节点

2. 分类树技术可以用来支持(　　)。

A. 判定表技术　　B. 白盒测试　　C. 等价类划分　　D. 性能测试

3. 组合测试法中，要求所有的参数必须至少出现一次的策略是(　　)。

A. 最小组合　　B. 完全组合　　C. 部分组合　　D. 结对组合

4. 分类树测试技术通常用于识别(　　)。

A. 缺陷原因　　B. 测试结果

C. 参数(分类)和对应的等价类(类)　　D. 测试用例的优先级

5. 组合测试法中，要求所有的参数都需要相互进行组合的策略是(　　)。

A. 最小组合　　B. 完全组合　　C. 部分组合　　D. 结对组合

6. 当测试项的分类和取值很多时，使用组合测试的主要好处是(　　)。

A. 提高测试的复杂性　　B. 减少测试用例的数量

C. 增加测试的覆盖率　　D. 增加测试的准确性

7. 分类树测试技术在测试中通常不用于(　　)。

A. 确定测试条件　　B. 划分等价类　　C. 识别边界值　　D. 编写测试脚本

8. 在组合测试技术中，完全组合策略会生成(　　)的测试用例。

A. 与参数的数量成正比　　B. 与参数的数量成指数关系

C. 与参数的组合数成正比　　D. 与参数的组合数成指数关系

二、多选题

1. 分类树技术可以支持(　　)。

A. 等价类划分　　B. 边界值分析　　C. 状态转换测试　　D. 结对测试

2. 使用组合测试设计用例时，可以进一步减少用例数量的措施有(　　)。

A. 增加约束条件　　B. 删除没有实际意义的组合

C. 考虑参数的合理组合　　D. 增加测试的自动化程度

3. 使用分类树测试技术时，测试分析师需要提供的信息有(　　)。

A. 测试项的输入域　　B. 分类(参数)

C. 每个分类下的等价类(类)　　D. 测试用例的预期结果

4. 分类树测试技术可以用于(　　)。

A. 减少测试用例的数量　　B. 划分等价类

C. 确定边界值　　D. 识别测试条件

三、判断题

1. 分类树测试技术中，每个分类都应该是不重叠的。　(　　)

2. 在分类树测试技术中，“子类”是“类”的进一步细分。　(　　)

3. 组合测试可以显著减少测试用例的数量,有效节省项目时间和资源。 (   )
4. 分类树技术在分类或类的数量很多时,图表会变得很大,不易于使用。 (   )
5. 分类树测试技术可以帮助测试分析师生成完整的测试用例。 (   )
6. 组合测试技术可以检测单个参数的内部逻辑错误。 (   )
7. 组合测试技术在设计测试用例时不需要考虑测试的预算和时间。 (   )

学习任务五

状态转换表方法与测试运用

学习目标

◈ **知识目标**

1. 理解状态转换测试的原理,理解各状态的含义;
2. 理解有限状态机的概念;
3. 掌握状态转换图的构建方法;
4. 掌握将状态图转换成状态表的方法。

◈ **技能目标**

1. 能根据需求识别出所有的状态及直接的转换;
2. 能根据规范构建并设计状态图;
3. 能根据规范将状态图转换成状态表;
4. 能根据状态图和状态表设计出最终的测试用例;
5. 能根据测试用例执行测试,并记录测试结果。

◈ **素质目标**

1. 通过需求分析、设计状态图等活动,培养严谨、细致的职业素养;
2. 通过检查状态图的冗余和不一致,培养批判性思维能力;
3. 通过小组分工协作,培养沟通能力和团队协作能力。

学习情境

某汽车公司正在研发一款新的智能汽车,该款新车型提供红绿灯控制下的手动行驶/自动避障功能(模式二)。目前该功能已基本开发完成,在进行实车测试前,为了进行功能验证,该公司开发了智能小车进行实车模拟实验。

你被安排完成本次开发的手动行驶/自动避障功能(模式二)状态与行为方面的测试,并提交以下功能测试工作产品:

(1)设计测试用例(使用状态转换表技术)。

(2)执行测试(提交缺陷报告)。

注意:在工作过程中需遵守功能测试规范及安全实验标准。

思维导图

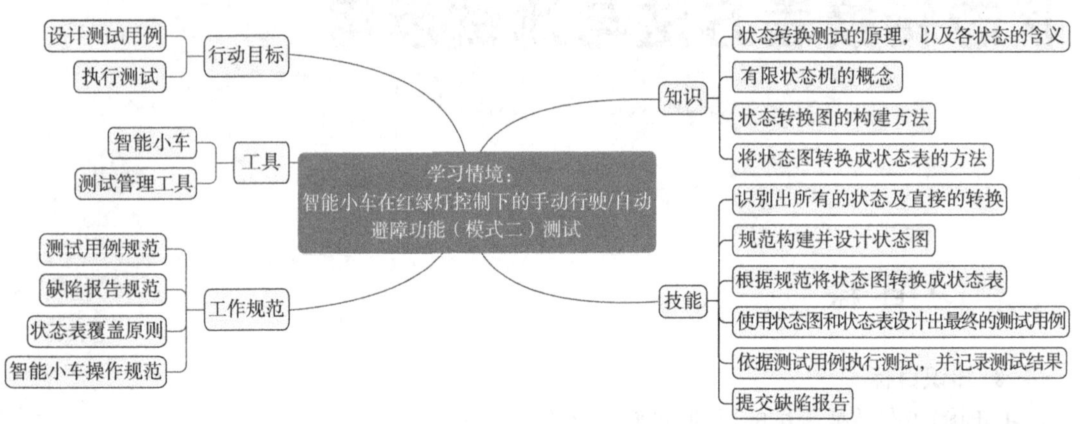

一 相关知识

状态转换表方法的原理与应用①

(一)状态转换测试

很多情况下,测试对象的输出和行为方式,不仅受当前输入数据的影响,而且和测试对象之前的执行情况、事件或数据有关。

状态转换测试(state transition testing)是一种针对系统状态变化的测试方法。它通过构建一个状态转换图,帮助理解和分析系统在不同状态下的行为和转换逻辑。状态转换测试是一种有效的测试策略,它通过分析和验证系统状态之间的转换来确保系统的稳定性和可靠性。通过这种方法,可以更容易地发现系统中的潜在问题,如不可达到的状态和异常状态转换,从而提高软件的质量和性能。

状态转换测试法一般应用于以下场景:被测组件拥有多个状态(state),各个状态之间的转换(transition)由事件(event)来触发,各个状态之间的转换还可能导致一些动作(action)的产生,如图 5-1 所示。

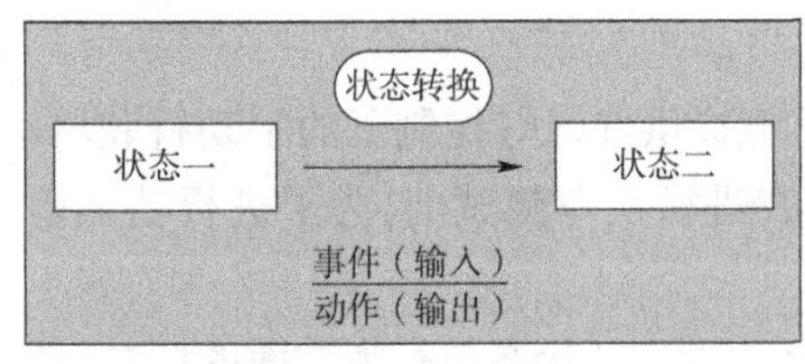

图 5-1　状态转换图

(1)状态(state)。

状态指对象在其生命周期内的一种状况。处于某个特定状态中的对象必然会满足某些条件、执行某些动作或者等待某些事件。

(2)事件(event)。

事件指在时间和空间上占有一定位置,并且对状态机来讲是有意义的事情。事件通常会引起状态的变迁,促使状态机从一种状态转换到另一种状态。

(3)转换(transition)。

转换指两个状态之间的一种关系,表明对象将在第一个状态中执行一定的动作,并将在某个事件发生且某个特定条件满足时进入第二个状态。

(4)动作(action)。

动作指状态机中可以执行的那些原子操作,原子操作是指它们在运行的过程中不能被其他消息中断,必须一直执行下去的操作。

(二)有限状态机

状态机对触发从一种状态转换到另一种状态的事件以及发生状态转换时需要执行的行动进行建模。

有限状态机(finite state machine,FSM)用于描述系统在运行过程中可能经历的不同状态以及它们之间的转换关系。这种模型适用于各种系统,如计算机程序、逻辑电路或汽车变速箱等,其特点是输入和输出的集合都是有限的,且系统本身只能处于有限状态集合中的一个状态。

有限状态机的主要功能是捕捉和模拟一个对象在其生命周期中所经历的状态序列,以及它如何对外部事件做出响应。它通过有限的状态集合和明确的转换逻辑,帮助我们理解和预测系统在不同条件下的行为。图5-2展示了学生的状态转换示例。

从图中可以看出一个学生具有四个状态:吃饭、休息、打篮球、写作业。每种带有箭头的连线,表示可以从当前状态切换到其他状态,以及切换的条件。

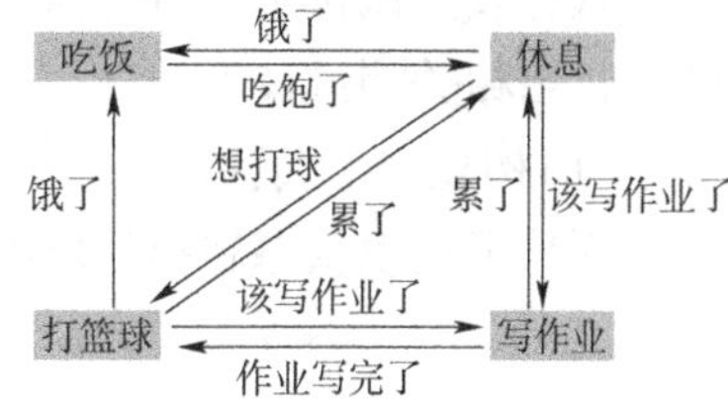

图5-2 有限状态机的例子

在物理世界中,特别是需要我们测试的大部分系统,都属于有限状态机的范畴,这意味着这些系统的输入集合、输出集合以及状态的数目都是有限的,从而使得系统处于可控状态。

(三)状态图

状态图以清晰直观的方式展示了系统可能处于的状态以及从一个状态转换到另一个状态的可能路径,它专门用于描述有限状态机系统。

状态图允许我们将复杂的状态按照层次结构或正交分解的方式进行组织。这种分解方法使得状态机的结构更加清晰,帮助我们以结构化和层次化的方式理解和设计系统的状态和行为。

在统一建模语言(unified modeling language,UML)中,状态机图(也称为状态图)是用来表达状态机图形的工具。这种图示方法提供了一种标准化的方式来描述系统状态和状态转换,使得不同背景的开发者和分析师都能轻松理解和交流系统的行为,从而提高软硬件开发的效率和质量。

图5-3展示了堆栈的状态图。

在识读状态图时,首先需要认清状态图的语义(元素),如图5-4所示。

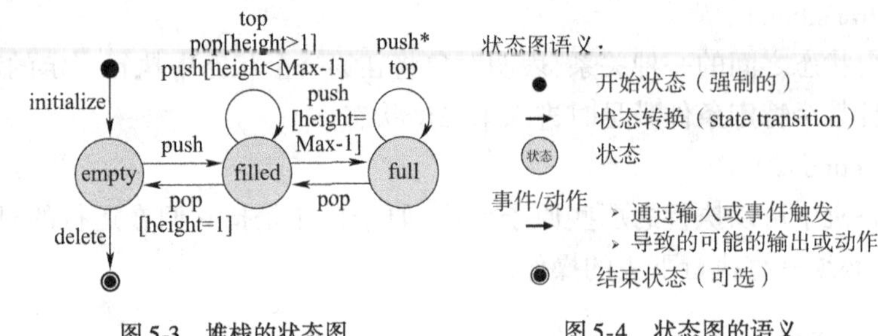

图 5-3　堆栈的状态图　　　　图 5-4　状态图的语义

在此基础上，我们可以识别出图 5-3 中存在 5 个状态、8 个有效转换以及 5 种触发动作。

状态图通常仅描述系统正常状态转换信息。通常，系统的行为与状态可以由状态图及相关文字来综合描述。

（四）状态表

状态转换测试的核心是测试系统在对外部/内部的输入触发后，系统状态的转换是否如预期。系统状态的转换关乎系统的当前状态、触发事件/动作，以及系统应对触发后的状态。

状态表测试技术，也称为状态转换表测试技术，是一种针对系统（一次）状态转换进行测试的状态相关测试技术。

（1）构建状态转换表。

覆盖了错误状态转换的堆栈的状态转换表，如表 5-1 所示。

堆栈状态转换表　　　　表 5-1

状态	输入				
	initialize	push	pop	delete	top
initialize	empty				
empty		filled	error	delete	error
filled		filled（1） full（2）	empty（3） filled（4）	error	filled
full		full	filled	error	full
delete					

在状态表中，最左列是系统的状态（一次状态转换的初始状态）；最上面一行显示的是系统的触发行为/动作；中间的内容格展示的是左边的初始状态在经过上面的行为/动作的触发后，一次转换后的最终状态。

根据测试强度不同，我们可以选择构建带出错状态/不带出错状态的状态转换表。

（2）设计测试用例。

在完成了状态表的构建后，我们就可以根据状态转换表设计测试用例。根据状态转换表设计测试用例时，一个内容格对应一个测试用例，测试用例格式如下：

初始状态：state1。

触发事件/动作：event/action。

终止状态：state2。

注意：一个内容格中如因条件不同有多个终止状态时，每个终止状态需要设计一条独立的测试用例，此时，测试用例需加上条件信息。

（五）状态表测试技术适用场景

状态转换表方法的原理与应用②

状态表测试技术的优点包括：①覆盖系统的状态和状态转换逻辑，帮助测试人员更好地理解系统的行为和工作流程；②以表格形式展示，清晰地描述了系统的状态和转换，便于理解和维护；③通过系统地遍历状态表，测试人员可以发现状态或转换中可能存在的问题。

状态表测试技术的缺点是：①主要关注有效状态和转换，可能无法验证无效的状态组合；②随着系统复杂性的增加，状态和转换的数量可能会呈指数级增长，状态转换图难以管理和理解；③在处理大量状态和转换时，要实现完全的测试覆盖可能很困难，并且测试所有可能的状态转换会非常耗时。

状态表测试技术适用于那些具有明显状态变化和状态依赖过程的系统，如电子商务应用、工作流应用等；也适用于业务逻辑复杂且可以用状态和转换清晰定义的系统，以及系统的行为对状态序列敏感的场景，如嵌入式系统、用户界面或任何状态管理复杂的系统。

在状态表测试中，覆盖率的计算方法是：将已被执行的状态转换数量除以可执行的状态转换总数，并以百分比表示。

$$\text{状态表覆盖度量} = \frac{\text{已测试的状态转换数量}}{\text{总的状态转换数量}} \times 100\%$$

（六）状态表测试技术案例解析

在手机中使用MP3功能时，各按键的功能分配如下：R键为倒退，P键为播放，F键为快进，RC键为录音，S键为暂停。其中没有选择MP3曲目时不能按任何键，当MP3曲目在起点时不能按R键，当MP3曲目在末端时不能按P、F键。只有在MP3处于暂停状态时才可以录音。现在用状态表测试技术对MP3功能进行测试用例设计。

（1）根据功能描述，分析事件、状态及状态间的转换关系，画出状态转换图，如图5-5所示。

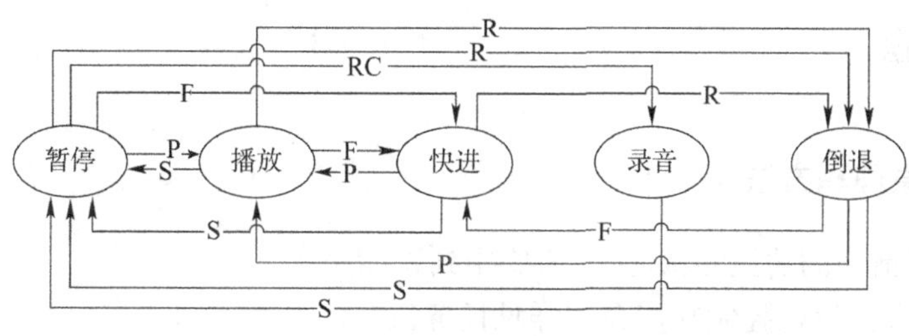

图5-5 状态转换图

（2）将状态转换图构建成状态转换表，如表5-2所示。

状态转换表 表 5-2

状态	行为				
	R(倒退)	P(播放)	F(快进)	RC(录音)	S(暂停)
暂停	倒退	播放	快进	录音	—
倒退	—	播放	快进	—	暂停
播放	倒退	—	快进	—	暂停
快进	倒退	播放	—	—	暂停
录音	—	—	—	—	暂停

(3)在完成了状态表的构建后,我们就可以根据状态转换表设计测试用例(表 5-3),一个内容格对应一个测试用例。

测试用例 表 5-3

序号	初始状态	触发事件	终止状态
1	暂停	R(倒退)	倒退
2	播放	R(倒退)	倒退
3	快进	R(倒退)	倒退
4	暂停	P(播放)	播放
5	倒退	P(播放)	播放
6	快进	P(播放)	播放
7	暂停	F(快进)	快进
8	倒退	F(快进)	快进
9	播放	F(快进)	快进
10	暂停	RC(录音)	录音
11	倒退	S(暂停)	暂停
12	播放	S(暂停)	暂停
13	快进	S(暂停)	暂停
14	录音	S(暂停)	暂停

二 任务实施

(一)工作原理和方法

完成本学习情境的功能测试任务,需要用到智能小车。

(1)智能小车红绿灯控制功能介绍详见任务三。

(2)智能小车自动避障功能介绍详见任务四。

(3)智能小车手动控制功能介绍详见任务四。

(4)智能小车在红绿灯控制下的手动行驶/自动避障功能介绍详见任务四。

(5)智能小车在红绿灯控制下的手动行驶/自动避障功能状态图。

智能小车有初始化、停止、前进、后退、左转、右转、关电源/退出 7 个状态,状态之间的转换详见图 5-6。

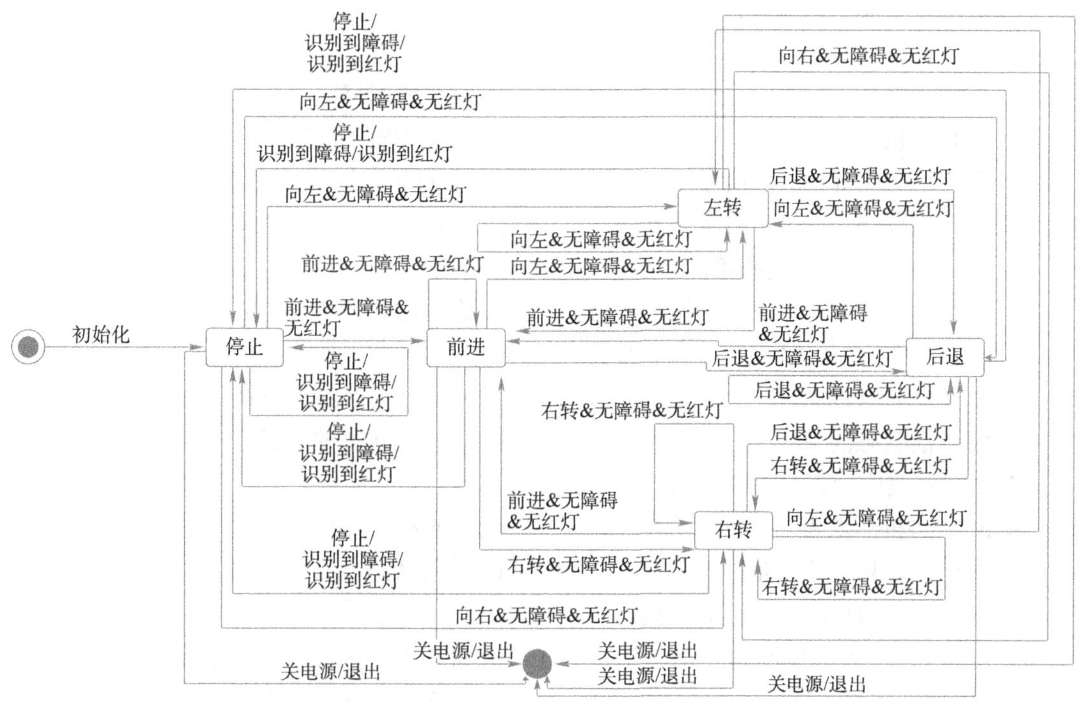

图 5-6 智能小车状态转换图

(二)实施步骤

智能小车手动行驶/自动避障功能启动方法详见任务四。

习题

一、单选题

1. 在状态表中,“当前状态”列表示的是(   )。

   A. 状态机的所有可能状态　　B. 状态机在某一时刻的状态

   C. 事件发生后的状态　　D. 状态转移的条件

2. 在状态表中,“输入”列指的是(   )。

   A. 状态转移的条件　　B. 生成状态表的工具

   C. 当前状态的编号　　D. 未来状态的编号

3. 状态表的主要目的是(   )。

   A. 描述程序的所有功能　　B. 显示系统的全部变量

   C. 描述系统在各种条件下的状态转移　　D. 制定编程语言的语法规则

4. 在状态表中,“下一个状态”列表示(　　)。

A. 在当前状态下发生特定事件后转移的状态

B. 状态表的起始状态

C. 状态机的所有可能状态

D. 当前状态的所有条件

5. 状态表通常用于(　　)。

A. 线性系统　　B. 计算机网络

C. 状态机　　D. 数据库管理系统

6. 在状态表中,如果一个状态对于某个输入没有定义的下一个状态,这通常被称为(　　)。

A. 有穷状态　　B. 无效状态　　C. 死状态　　D. 起始状态

7. 在状态表中,一个状态可能会根据不同的输入产生(　　)。

A. 不同的状态　　B. 相同的状态　　C. 无效的状态　　D. 以上都不对

8. 状态表中的“动作”列通常用来描述(　　)。

A. 状态转移的条件　　B. 触发状态转移后要执行的操作

C. 当前状态的编号　　D. 下一个状态的编号

9. 在状态表中,“条件”列表示(　　)。

A. 状态机的输入　　B. 状态机的输出

C. 状态转移的输入条件　　D. 当前状态

10. 状态表中的“输出”列指的是(　　)。

A. 状态机的最终状态　　B. 状态机在执行过程中的结果

C. 状态转移条件　　D. 状态表的起始状态

二、多选题

1. (　　)列通常会出现在状态表中。

A. 当前状态　　B. 输入　　C. 输出　　D. 转移条件

E. 动作

2. 状态表的应用场景包括(　　)。

A. 流程控制　　B. 网络协议设计　　C. 物理硬件设计　　D. 数据库查询优化

E. 用户界面设计

3. 设计一个状态表时,必须考虑的因素是(　　)。

A. 状态的数量　　B. 状态的名称　　C. 输入事件　　D. 输出动作

E. 系统性能

4. 在状态表中,一个状态可能会有(　　)。

A. 多个输入条件　　B. 单个输入条件　　C. 多个下一个状态　　D. 单个下一个状态

E. 无下一个状态

5. 状态表通常在(　　)阶段使用。

A. 需求分析　　B. 系统设计　　C. 编码阶段　　D. 测试阶段

E. 维护阶段

三、判断题

1. 状态表只能用于离散事件系统。 (　　)
2. 在状态表中,每个状态必须有至少一个转移。 (　　)
3. 状态表中的每一行表示一个状态转移。 (　　)
4. 状态表可以用来描述状态机的行为,但不能生成状态机代码。 (　　)
5. 在状态表中,输入列可以为空。 (　　)

四、填空题

1. 状态表用于描述系统在不同________下的状态转移情况。
2. 在状态表中,“________”列显示了当前状态下的可能事件或条件。
3. 状态表中的“________”列用于描述状态转移后要执行的操作。
4. 状态表中的“________”列表示在特定输入条件下状态的变化。

学习任务六

状态转换树/n-switch 方法与测试运用

学习目标

◈ 知识目标

1. 理解状态转换方法,以及使用状态转换方法的原理和目的;
2. 掌握构建状态转换树的规则及方法;
3. 掌握 n-switch 测试技术及转换方法;
4. 理解状态转换树、n-switch 的使用场景。

◈ 技能目标

1. 能根据需求识别出所有的状态、转换、事件、动作;
2. 能根据规范构建状态转换树;
3. 能根据规范构建 n-switch 表;
4. 能根据状态转换树、n-switch 表导出最终的测试用例;
5. 能根据测试用例执行测试,并记录测试结果。

◈ 素质目标

1. 通过需求分析、设计状态树等活动,培养严谨、细致的职业素养;
2. 通过检查状态转换树的冗余和不一致,培养批判性思维能力;
3. 通过小组分工协作,培养沟通能力和团队协作能力。

学习情境

某汽车公司正在研发一款新的智能汽车,该款新车型提供红绿灯控制下的手动行驶/自动避障功能(模式三)。目前该功能已基本开发完成,在进行实车测试前,为了进行功能验证,该公司开发了智能小车进行实车模拟实验。

你被安排完成本次开发的手动行驶/自动避障功能(模式三)状态与行为方面的测试,并提交以下功能测试工作产品:

(1)设计测试用例(使用状态树技术)。

(2)执行测试(提交缺陷报告)。

注意:在工作过程中需遵守功能测试规范及安全实验标准。

思维导图

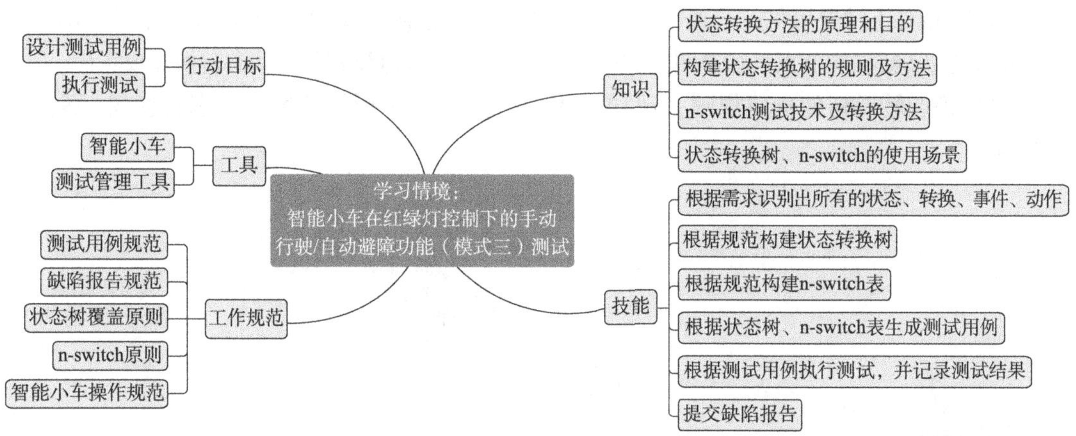

一 相关知识

状态树/n-switch 方法的原理与应用①

(一)状态转换树

状态转换树是一种用来描述有限状态机行为的图形表示方法。

有限状态机系统必须是:①完全指定的(在指定的状态下每个输入都有对应的反应);②有限的(输入及状态数量都是有限的);③从一个固定的初始状态开始;④在实践中每个状态都是可达到的。

状态转换树是一种树形结构,其中每个节点代表一个状态,而从一个节点到另一个节点的边代表状态之间的转换。在状态转换树中,每个分支都对应于输入符号触发的特定状态变化。树的根节点通常代表初始状态,而其他节点则代表在接收到一系列输入后机器可能处于的状态。状态转换树能够详细地展示状态之间的所有可能路径,包括在特定输入序列下状态如何从一个转换到另一个。

状态转换树有助于理解状态机的动态行为,尤其是在设计和分析算法时,它提供了一种直观的方式来观察和预测状态机对于不同输入序列的反应。通过状态转换树,我们可以清晰地看到每个状态的入口和出口路径,以及在特定条件下状态如何变化。

(二)构建状态转换树

状态转换树一般是根据系统的状态图来构建的。例如,图 6-1 是堆栈的状态图。

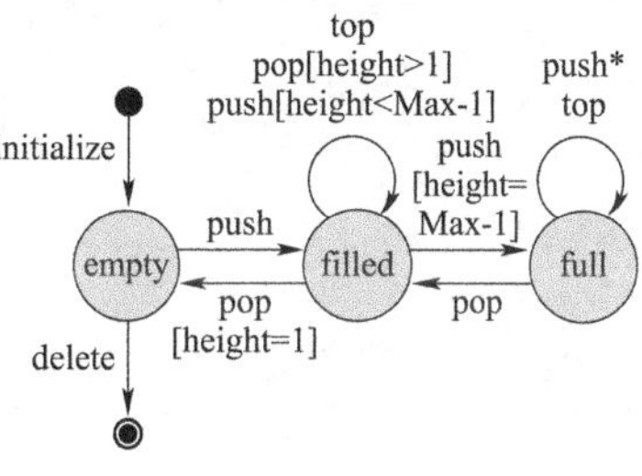

图 6-1 堆栈状态转换图

构建状态转换树的规则如下:

(1)用树内的节点描述状态图的状态,用树内的枝干描述状态图的事件。

(2)转换树内的根节点为状态图的开始状态,转换树内的终结节点为叶节点。

(3)对于每个转换树内的节点,在状态图内如有(直接)后续状态,则添加一个枝干和节点(不同的事件应有不同的枝干和节点)。

(4)出现如下情况可将此节点作为叶节点:①从根节点到新添加的节点的路径上已经出现过相同的状态;②新添加节点是状态图内的一个结束状态,并且也没有其他状态转换需要考虑。

根据状态转换树的构建规则,我们可以构建出如图 6-2 所示的堆栈状态转换树(不含出错状态)。

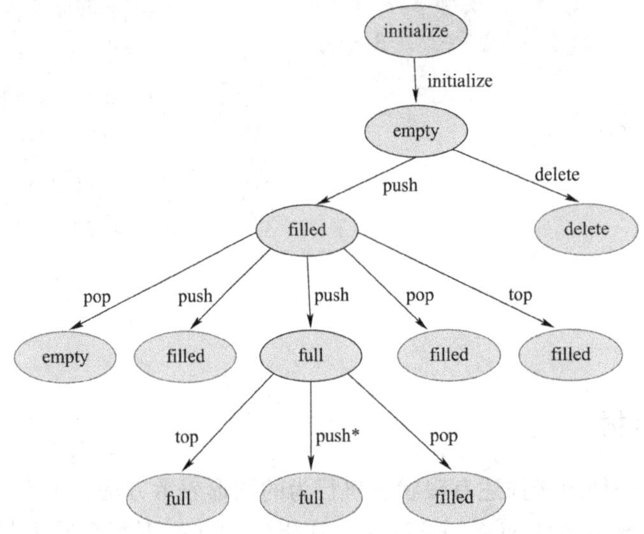

图 6-2　堆栈状态转换树(不含出错状态)

结合带出错状态的状态表信息,我们可以构建出带出错状态的状态转换树,如图 6-3 所示。

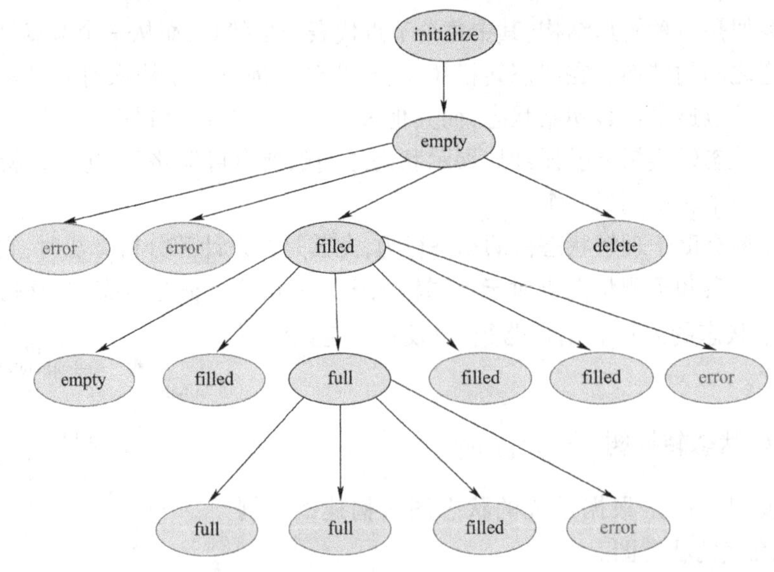

图 6-3　堆栈状态转换树(含出错状态)

在构建状态树时,需要根据测试强度与要求来决定是否要包含出错状态。

(三)根据状态转换树生成测试用例

在构建完成系统的状态转换树后,就可以根据状态转换树来生成测试用例。具体方法如下:

(1)每个测试用例从状态转换树的根节点开始,途经状态转换树的一条分支的所有节点,直到转换到状态转换树的每一个叶节点。

(2)如果要达到100%的覆盖率,需要覆盖到状态转换树的每一条分支。

由此可得出,堆栈(不含出错状态)的测试用例有8个:

①initialize→empty→filled→empty。

②initialize→empty→filled→filled。

③initialize→empty→filled→full→full。

④initialize→empty→filled→full→full。

⑤initialize→empty→filled→full→filled。

⑥initialize→empty→filled→filled。

⑦initialize→empty→filled→filled。

⑧initialize→empty→delete。

(四)n-switch 测试技术

与状态转换树测试技术相似,n-switch 测试技术针对的系统也必须是有限状态机系统,旨在测试系统的状态与行为。

n-switch 不仅关注状态转换本身,还关注转换的深度。转换深度指的是从一个状态开始,经过多次转换所达到的状态。通常,在经过多次转换后,累积的偏差,特别是与硬件结合后可能带来的疲劳偏差,就需要通过多次转换的测试才能被检测出来。

对于一个深度为 n 的状态转换,可用一张(3n+1)行的表来记录,其中第一行记录状态、第二行记录事件、第三行记录行为,按此顺序循环。图6-4和图6-5分别展示了深度=1和深度=2的转换表。

状态(S)	S1	S1	S2	S3
事件(E)	E1	E2	E4	E3
行为(A)	A1	—	A4	A3
状态(S)	S2	S3	S4	S5

n=1

图6-4　深度=1的转换表

状态(S)	S1	S1	S2	S3
事件(E)	E1	E2	E4	E3
行为(A)	A1	—	A4	A3
状态(S)	S2	S3	S4	S5
事件(E)	E4	E3	…	…
行为(A)	A4	A3	…	…
状态(S)	S4	S5	…	…

n=2

图6-5　深度=2的转换表

通常深度为1(n=1)的switch表,我们可以称之为switch-0,深度为2(n=2)的switch表,我们可以称之为switch-1;以此类推。

n-switch表列出了所有可能的由深度n定义的状态转换,以及考虑了健壮性测试时可能涉及的所有状态转换。n-switch表的起始状态可以从任何状态出发。

在构建了n-switch表后,可以根据n-switch表来生成测试用例:n-switch表的一列就是一个测试用例。

(五)n-switch转换步骤

1. 状态转换图转换为0-switch状态转换树

0-switch是指没有重复路径,每个路径只执行一次。转换步骤如下:

(1)将初始状态或开始状态作为状态转换树的根,根在整个状态转换树中的层次是1。

(2)从左到右检查当前层次上的节点,将每个节点对应的所有可能的下一个状态作为它的子节点,状态之间的转换作为两个状态的边。

(3)重复步骤(2),直到满足以下两种情况之一,结束节点的延伸:

①状态无循环路径:节点的状态是结束状态,不需要针对该节点继续进行状态转换。

②状态有循环路径,节点重复出现1次:最大层次的节点与上方层次节点重复,那么这个节点就成为最终的叶节点,无须继续生成其子节点。

图6-6和6-7展示了如何从状态转换图转换为0-switch状态转换树。

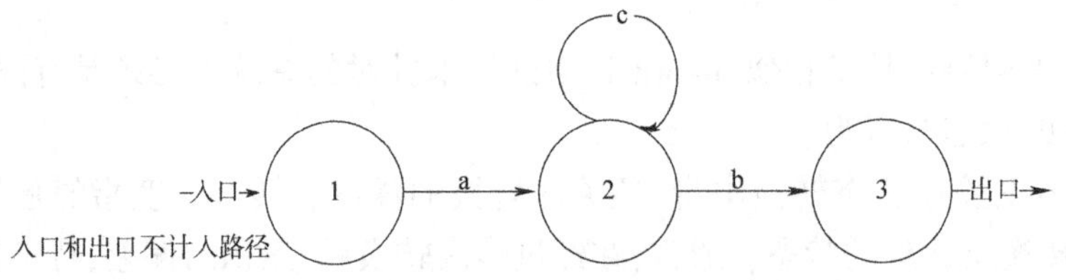

图6-6　状态转换图示例

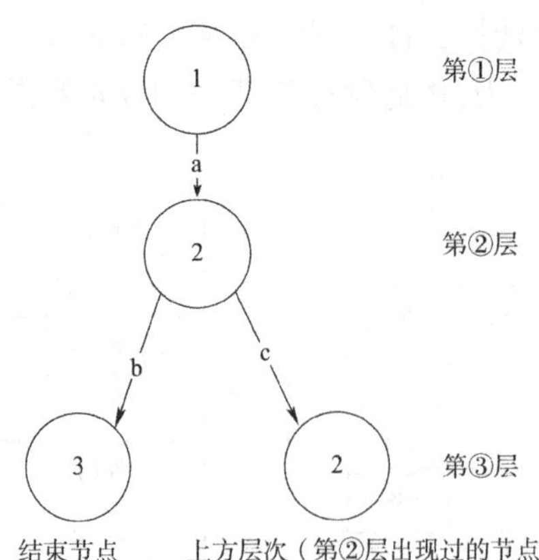

图6-7　0-switch状态转换树

2. 状态转换图转换为1-switch状态转换树

1-switch是指重复路径1次,需要满足以下任何一个条件,才能转换成功:

(1)有状态循环路径,即节点自身形成循环。

(2)有状态循环路径,但循环在不同节点间进行。

(3)中心节点有2个及以上的父节点。

状态树/n-switch 方法的原理与应用②

转换步骤如下:

在0-switch 状态转换树的基础上再加一层结构,这样我们就能构建出1-switch 状态转换树。同理,更多的n-switch 转换可以以此类推。

图6-8 展示了如何在0-switch 状态转换树的基础上转换为1-switch 状态转换树。

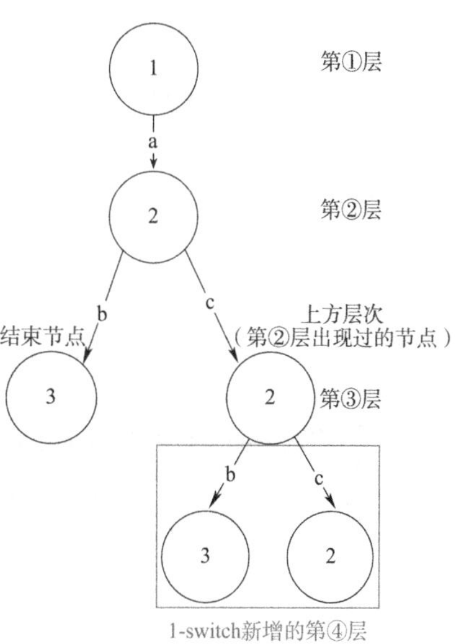

图6-8 1-switch 状态转换树

(六)状态转换树和n-switch 测试技术适用场景

状态转换树测试技术以树状结构直观展示了系统状态和转换,强调覆盖所有可能的路径,特别适合于那些状态转换路径复杂且关键的系统。状态转换树的层次结构清晰明了,能帮助测试人员更好地理解状态和转换的关系以及系统的行为。通常来说,状态转换树测试技术更适用于需要全面覆盖状态转换路径的场景,尤其是复杂的状态机系统,而状态表测试技术则在状态和转换较为简单、数量较少的情况下更加直观和易于管理。

在状态转换树测试中,覆盖率的计算方式为:将已测试的状态树路径数量除以可执行的状态转换树路径的总数,并以百分比表示。

$$状态转换树覆盖度量=\frac{已测试的状态转换树路径数量}{总的状态转换树路径数量}\times 100\%$$

n-switch 测试技术通过执行一系列的状态转换,可以发现那些需要多个状态转换才能触发的隐蔽错误;它提供了从0-switch(最基础的覆盖)到n-switch(更高级的覆盖)的不同测试覆盖级别,测试人员可以根据测试的需求、优先级、风险级别等灵活选择,可以通过控制测试用例的数量来平衡测试强度与测试资源的投入。但是,n-switch 覆盖的测试用例仅限于组件设计文档的描述,可能会遗漏一些隐藏的状态转换或无效的状态转换。随着n值的增加,测试用例的数量会以指数趋势增长,这可能会导致测试设计和执行变得困难。

(七)状态转换树测试技术案例解析

现需要对某电商系统订单模块进行测试,该模块有以下几种状态:待支付、待发货、待收货、已收货、交易成功、交易关闭。

· 待支付:订单未付款;

· 待发货:订单已付款;

· 待收货:快递已发出;

· 已收货:用户签收快递;
· 交易成功:用户确认收货或系统超时自动确认收货;
· 交易关闭:用户主动取消订单、超时未支付、退款、退货。

现在使用 0-switch 方法和状态转换树测试技术进行测试用例设计。

(1)绘制各状态之间的关系和转换,完成的状态转换图如图 6-9 所示。

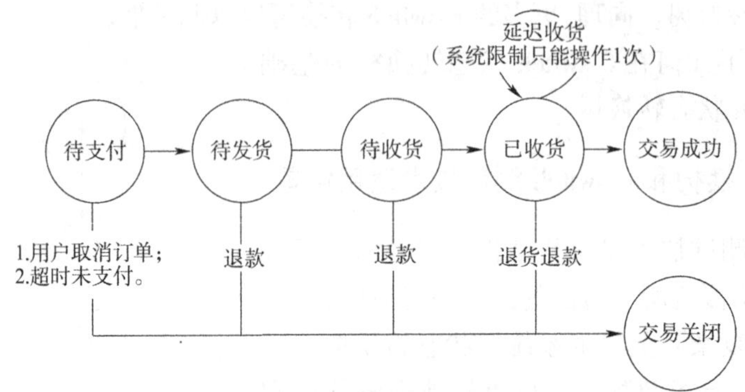

图 6-9 商城订单状态转换图

(2)将状态图构建成 0-switch 状态转换树,如图 6-10 所示。

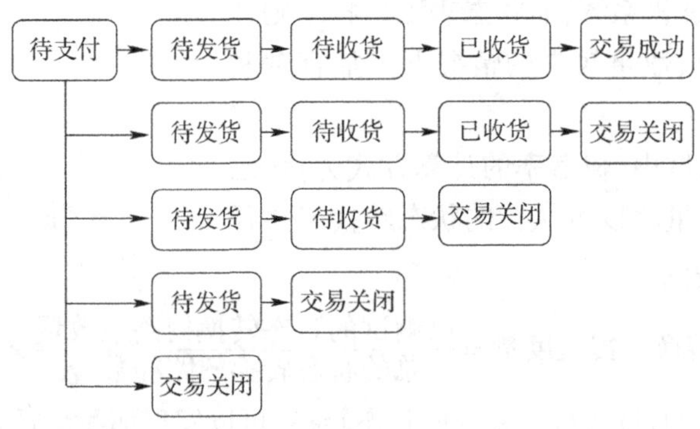

图 6-10 商城订单状态转换树

(3)生成测试用例,如表 6-1 所示。

订单状态测试用例 表 6-1

用例编号	用例标题	操作步骤	预期结果
1	订单交易成功后系统自动确认		
2	订单交易成功后用户手动确认		
3	收货后退货退款		
4	商家发货后,用户收货前退款		
5	订单支付后,商家发货前退款		
6	用户手动取消未支付订单		
7	未支付订单超时不支付		

续上表

用例编号	用例标题	操作步骤	预期结果
8	已收货订单进行延迟收货后完成		
9	已收货订单进行延迟收货后退货退款		

二 任务实施

(一)工作原理和方法

完成本学习情境的功能测试任务,需要用到智能小车。

(1)智能小车红绿灯控制功能介绍详见任务三。

(2)智能小车自动避障功能介绍详见任务四。

(3)智能小车手动控制功能介绍详见任务四。

(4)智能小车在红绿灯控制下的手动行驶/自动避障功能介绍详见任务四。

(5)智能小车在红绿灯控制下的手动行驶/自动避障功能状态图。

智能小车有初始化、停止、前进、后退、左转、右转、关电源/退出 7 个状态,状态之间的转换详见图 6-11。

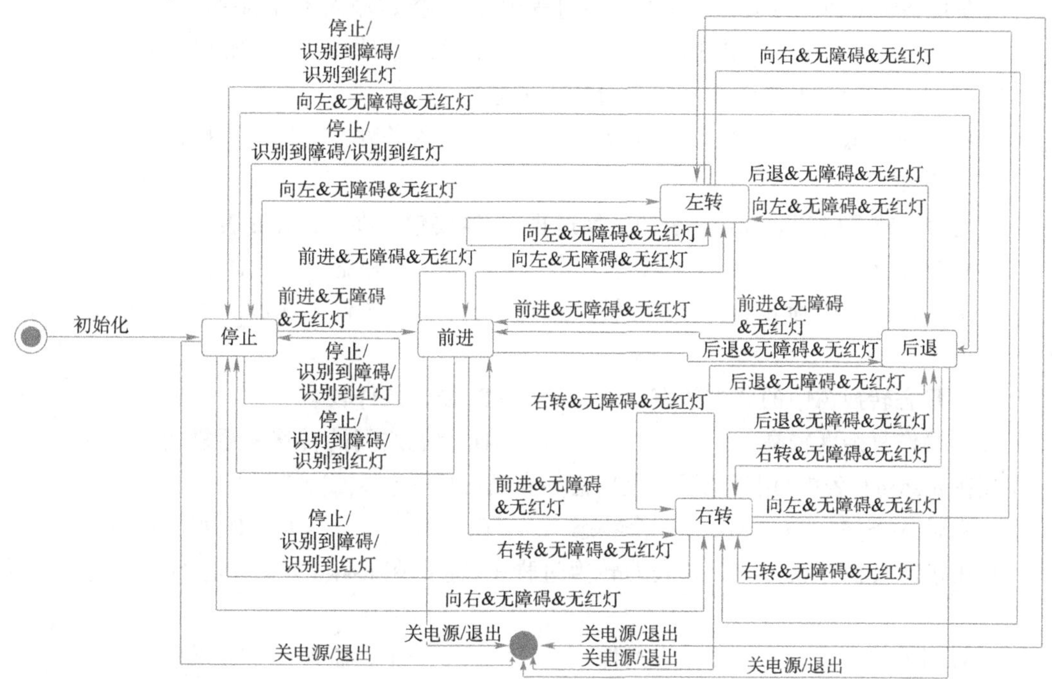

图 6-11　智能小车状态转换图

(二)实施步骤

智能小车手动行驶/自动避障功能启动方法详见任务四。

习题

一、单选题

1. 在状态转换树到 n-switch 表的转换过程中,对应于 n-switch 表中输入条件的是(　　)。
   A. 节点　B. 边　C. 状态　D. 操作
2. 在 n-switch 表中,下一个状态表示当前状态的(　　)。
   A. 并行状态　B. 下一个状态　C. 输出条件　D. 前一个状态
3. 当状态转换树中存在多个相同的输入条件,对应到 n-switch 表时会(　　)。
   A. 自动合并　B. 分离处理　C. 随机选择　D. 不影响结果
4. 在状态转换树到 n-switch 表转换过程中,对应于 n-switch 表中操作的是(　　)。
   A. 节点　B. 边　C. 状态　D. 操作
5. 在状态转换树到 n-switch 表的转换过程中,代表当前所处状态的是(　　)。
   A. 输入条件　B. 下一个状态　C. 操作　D. 当前状态
6. 在状态转换树到 n-switch 表的转换过程中,用于描述状态之间转移关系的是(　　)。
   A. 节点　B. 边　C. 状态　D. 操作
7. 在 n-switch 表中,操作部分的作用是(　　)。
   A. 描述状态转移　B. 执行特定操作　C. 定义输入条件　D. 区分不同状态
8. 在状态转换树到 n-switch 表的转换过程中,用于指定输入条件的是(　　)。
   A. 节点　B. 边　C. 输入条件　D. 操作
9. 在 n-switch 表中,下一个状态部分用于描述(　　)。
   A. 当前状态　B. 下一个状态　C. 输入条件　D. 操作

二、多选题

1. 在状态转换树到 n-switch 表的转换过程中,需要包含在 n-switch 表中的是(　　)。
   A. 当前状态　B. 输入条件　C. 下一个状态　D. 操作
2. 在状态转换树到 n-switch 表的转换过程中,可能会导致 n-switch 表的大小增加的是(　　)。
   A. 状态转换树中的分支较多　B. 输入条件较多
   C. 操作复杂度较高　D. 状态之间的转移关系复杂
3. 在 n-switch 表中,用于描述当前状态转移情况的是(　　)。
   A. 输入条件　B. 下一个状态　C. 操作　D. 当前状态
4. 在状态转换树到 n-switch 表的转换过程中,需要在 n-switch 表中进行明确定义的是(　　)。
   A. 当前状态　B. 输入条件　C. 下一个状态　D. 操作

三、判断题

1. 在状态转换树到 n-switch 表的转换过程中,操作部分可以省略不写。(　　)
2. 当状态转换树中存在循环路径时,转换为 n-switch 表可能导致表格中出现重复的情况。(　　)

3. n-switch 表中的输入条件可以是任意逻辑表达式。 ( )

4. 当状态转换树中存在相同的输入条件对应多个下一个状态时,这种情况在转换为 n-switch 表时被称为冲突。 ( )

5. 在 n-switch 表中,操作部分用于描述状态转移。 ( )

四、填空题

1. 在状态转换树到 n-switch 表的转换过程中,需要明确定义每个状态的________、输入条件、下一个状态和操作。

2. 当状态转换树中的某个状态存在一个输入条件对应多个下一个状态时,这种情况在转换为 n-switch 表时被称为________。

学习任务七

用例测试技术与测试运用

学习目标

❖ 知识目标

1. 了解用例的概念和关键元素；
2. 掌握基本流和备选流的含义；
3. 掌握用例测试技术的设计原则；
4. 理解用例测试技术的适用场景。

❖ 技能目标

1. 能根据用例规格说明书和用例图进行需求分析；
2. 能根据需求分析结果识别出基本流和备选流，并绘制示意图；
3. 能基于用例测试技术设计原则生成用例场景；
4. 能根据用例场景导出最终的测试用例；
5. 能根据测试用例执行测试，并记录测试结果。

❖ 素质目标

1. 通过需求分析、设计用例场景等活动，培养严谨、细致的职业素养；
2. 通过分析、识别基本流和备选流，培养批判性思维能力；
3. 通过小组分工协作，培养沟通能力和团队协作能力。

学习情境

某汽车公司正在研发一款新的智能汽车，该款新车型提供红绿灯控制下的智能巡线功能(模式二)。目前该功能已基本开发完成，在进行实车测试前，为了进行功能验证，该公司开发了智能小车进行实车模拟实验。

你被安排完成本次开发的红绿灯控制下的智能巡线功能(模式二)测试，并提交以下功能测试工作产品：

(1)设计测试用例(使用用例测试技术)。

(2)执行测试(提交缺陷报告)。

注意:在工作过程中需遵守功能测试规范及安全实验标准。

思维导图

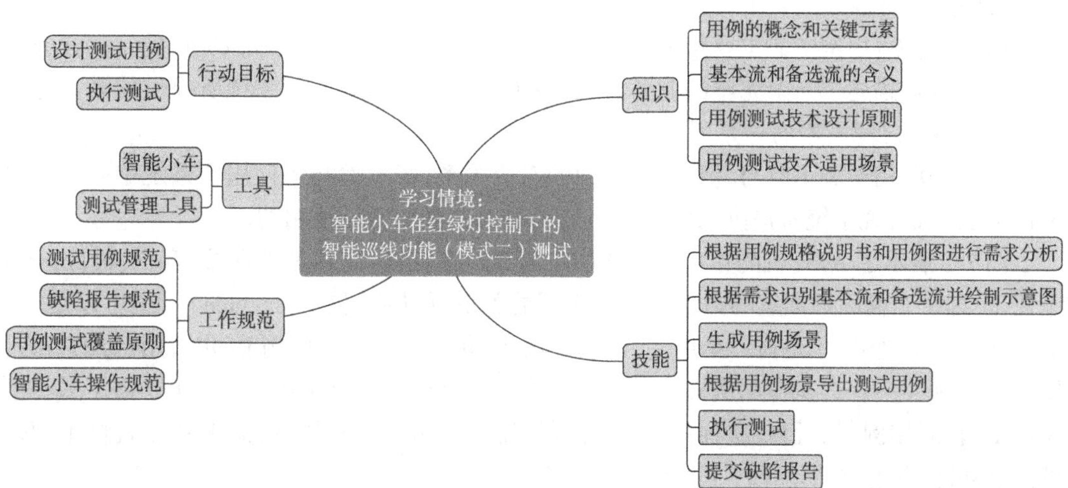

一 相关知识

用例测试技术的
原理与应用①

(一)用例

用例(use case)是一种常用的需求分析方法,它定义了参与者和实现某个目标的组件或系统之间的交互,并基于这些交互产生一个用户所期望和能观察到的结果。对于用户来说,他们并不想了解系统的内部结构和设计,他们所关心的是系统所能提供的服务,以及系统的使用方式,这就是用例的基本思想所在。

在实际项目中,通常会使用用例规格说明书来详细描述用例,它包括以下几个关键元素:

(1)用例名称:为用例提供一个清晰、简洁的名称,通常采用“动作-对象”的格式。

(2)参与者:定义与用例交互的个体或系统。

(3)前置条件:描述在用例开始之前必须满足的条件。

(4)后置条件:描述用例执行完成后系统应达到的状态。

(5)触发事件:描述触发用例执行的事件或条件。

(6)主成功场景:详细描述用例成功执行的标准流程,通常以步骤形式列出。

(7)扩展/异常流程:描述在主成功场景之外可能发生的不同情况及其处理方式。

(8)特殊需求:如果适用,描述用例执行过程中可能需要考虑的特殊需求或限制。

(9)优先级:指示用例的重要性或开发优先级。

(10)业务规则:描述用例执行过程中需要遵守的业务规则。

(二)用例图

除了用例规格说明书,用例图也可用来展示系统用例。用例图是一种UML图表,它能以图形化的方式更直观地表示参与者和系统之间的交互关系。

用例图主要包含以下元素:

(1)参与者:用例中的主要角色,可以是人或外部系统,与系统交互以完成特定的任务。

(2)用例:描述了一个完整的业务流程,展示了参与者为了使用系统所提供的某一完整功能而与系统之间发生的一系列对话。

(3)关联:用于表示参与者和用例之间的对应关系,表示参与者使用了系统中的哪些服务(用例),或者说系统所提供的服务(用例)是被哪些参与者所使用的。

图7-1展示了ATM机的用例图。该图中有3个参与者,分别是管理员、客户、银行;有9个用例,即9个椭圆形框里的内容。用例之间的关系可以是"包含(include)",也可以是"扩展(extend)"。"包含"是指一个用例A(基础用例)包含了另一个用例B(包含用例)的行为,即执行用例A一定会执行用例B。"扩展"是指在一个用例C(基础用例)之上扩展了另一个用例D(扩展用例)的行为;这种关系是可选的,用例C可以独立执行,而用例D提供了额外的附加功能,只有在特定条件下才会执行。

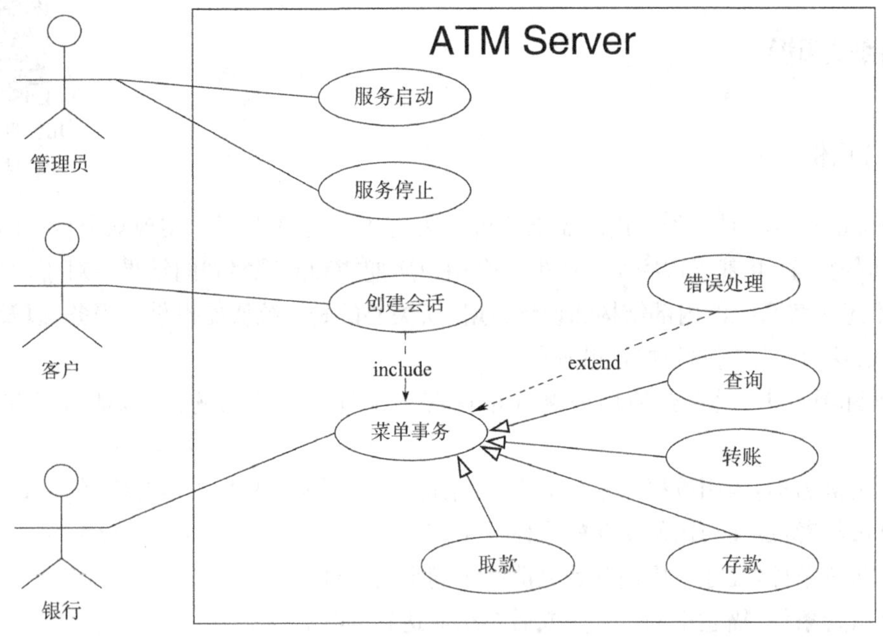

图7-1　ATM机用例图

(三)用例测试技术

用例测试技术也称为场景测试法,它通过使用"场景"对软件系统的功能点或业务流程进行描述,帮助测试人员从用户的角度出发,分析用户是怎样与系统打交道的,以及他们的典型行为会是什么,并模拟用户在使用软件时可能遇到的各种情况。用例测试技术基于用例模拟出不同的场景来进行软件业务流程和逻辑层面的验证,能有效提高测试效率。

用例测试技术的核心在于识别出基本流和备选流。

(1)基本流:模拟用户按照正确的业务流程实现的一条操作路径,以验证功能的正确性。

(2)备选流:模拟用户操作软件中出现的主要错误,以验证系统的异常处理能力。

由于用例场景是用来描述流经用例路径的过程,所以需要从开始到结束遍历用例中所有的基本流和备选流。用例测试技术的原则是:①完整的用例场景是从开始走向结束;②必须覆盖所有的基本流和备选流。

图 7-2 是识别出基本流和备选流并梳理它们之间关系的示意图。

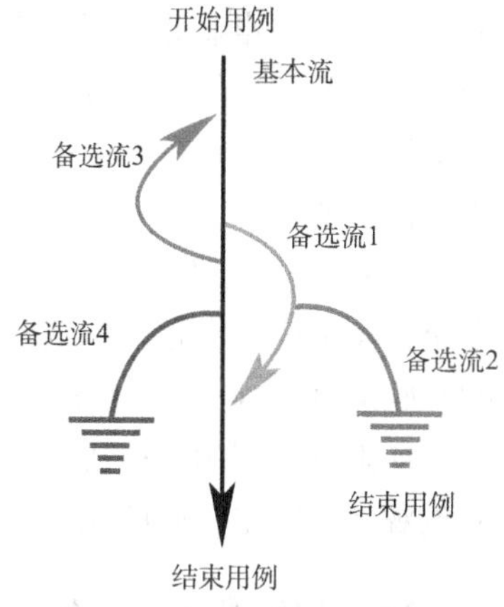

图 7-2 基本流和备选流示意图

根据测试原则可以得出,本图例最少需要 5 个用例场景才能覆盖所有的基本流和备选流:

①场景 1:基本流。

②场景 2:基本流—备选流 1。

③场景 3:基本流—备选流 1—备选流 2。

④场景 4:基本流—备选流 3。

⑤场景 5:基本流—备选流 4。

注意:

(1)基本流(不考虑任何异常情况)要保证有一个单独的用例场景。

(2)为了避免备选流的缺陷屏蔽现象,每个用例场景只能出现一个备选流(有相互依赖关系的除外,如本图例中的备选流 1 和备选流 2)。

(四)用例测试覆盖率计算

用例测试的最小可接受覆盖率是:每个基本行为(基本流)至少有一个测试用例,并为每个备选行为(备选流)和错误处理机制单独设计一个额外的测试用例。备选行为可能会存在嵌套,在单个测试用例中可能会出现多个备选行为(如图 7-2 中的用例场景 3)。

如果需要一个最精简的测试套件,可以将多个备选行为合并到一个测试用例中,前提是它们可以相互兼容。如图 7-2 所示的示例中,最少需要 3 个测试用例就能覆盖到所有的基本流和备选流,分别是:

①场景 1:基本流。

②场景 2:基本流—备选流 1—备选流 2。

③场景 3:基本流—备选流 3—备选流 4。

注意:在这种情况下可能会出现缺陷屏蔽现象。

用例测试技术的覆盖率的计算方式为:已被执行的用例场景数量除以可执行用例场景的总数,并以百分比表示。

$$\text{用例测试覆盖度量} = \frac{\text{已测试的用例场景数量}}{\text{总的用例场景数量}} \times 100\%$$

(五)用例测试适用场景

用例测试技术的原理与应用②

当拿到一个测试任务时,测试人员并不应该先关注某个控件的细节测试,而是要先关注主要业务流程和主要功能是否正确实现,这就需要用到用例测试技术。当业务流程和主要功能没有问题后,再使用其他黑盒测试方法,如等价类、边界值、判定表等对控件细节进行测试。使用用例测试技术可以用业务流把各个孤立的功能点串起来,为测试人员建立整体业务感觉,避免陷入只关注功能细节而忽视业务流程的误区。

另外,因为用例是描述系统最可能使用的情况,因此从用例中得到的测试用例,是发现系统在实际应用中存在的缺陷的最有效方式。用例测试技术适用于由用户/客户一起参与的验收测试,也同样适用于系统测试。

如果可以用用例描述组件或系统的行为,那么用例测试技术也可以在集成测试中使用。通过观察不同组件间的相互作用和影响,该技术能精准定位错误发生的情况。

(六)用例测试技术案例解析

某购书网站的主要功能如下:用户登录到网站后,先进行书籍的选择,选好心仪的书籍后放进购物车,等结账的时候,用户需要登录自己注册的账号,登录成功后,点击结账并生成订单,整个购物过程结束。

(1)需求分析,确定基本流和备选流。

基本流:用户登录网站,选择书籍,加入购物车,点击结账,登录自己的账号,登录成功,结账并生成订单。

备选流1:账号不存在。

备选流2:账号异常。

备选流3:密码错误。

备选流4:库存不足。

(2)绘制基本流和备选流图。

根据需求分析,可以绘制基本流和备选流图,如图7-3所示。

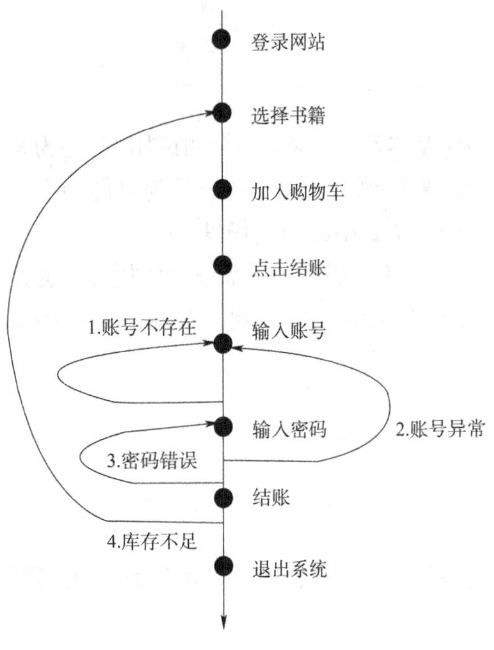

图7-3 基本流和备选流

(3)生成用例场景。

根据用例测试技术的原则,可以生成5个用例场景:

①场景1(购书成功):基本流。

②场景2(账号不存在):基本流—备选流1。

③场景3(账号异常):基本流—备选流2。

④场景4(密码错误):基本流—备选流3。

⑤场景5(库存不足):基本流—备选流4。

(4)构建矩阵。

对于以上的每一个场景都需要确定测试用例,可以采用矩阵或决策表来确定和管理测试用例。本案例从确定用例场景所需的数据元素入手来构建矩阵,如表7-1所示。

用例场景　　表7-1

用例编号	场景	账号	密码	选购书籍库存充足	预期结果
1	场景1:购书成功	V	V	V	成功生成购物订单
2	场景2:账号不存在	I	–	–	提示账号不存在,返回"输入账号"对话框
3	场景3:账号异常	I	V	–	提示账号异常,返回"输入账号"对话框
4	场景4:密码错误	V	I	–	提示密码错误,返回"输入密码"对话框
5	场景5:库存不足	V	V	I	提示选购书籍库存不足,返回"选择书籍"页面

注:V(有效)表明这个条件必须是VALID(有效的)才可执行基本流,I(无效)表明这种条件下将激活所需备选流,"–"(不适用)表明这个条件不适用于测试用例。

(5)生成测试用例。

每一个场景对应着一个测试用例,本案例可导出5个测试用例,如表7-2所示。

测试用例表　　表7-2

用例编号	场景	账号	密码	选购书籍	预期结果
1	场景1:购书成功	lou	123	《红楼梦》	成功生成购物订单
2	场景2:账号不存在	111	–	《红楼梦》	提示账号不存在,返回"输入账号"对话框
3	场景3:账号异常	wang	123	《红楼梦》	提示账号异常,返回"输入账号"对话框
4	场景4:密码错误	lou	321	《红楼梦》	提示密码错误,返回"输入密码"对话框
5	场景5:库存不足	lou	123	《西游记》	提示《西游记》库存不足,返回"选择书籍"页面

二 任务实施

(一)工作准备

完成本学习情境的功能测试任务,需要用到智能小车。

由于红绿灯识别功能默认开启,所以在启动智能小车巡线模式后,智能小车自动运行红绿灯控制下的智能巡线功能。

在此模式下，智能小车将同时遵循红绿灯控制原则并执行巡线功能，如图 7-4 所示。

图 7-4　红绿灯控制下的智能小车巡线功能

注意：巡线模式启动后，智能小车将不会主动停止巡线。如需停止该模式，需点击智能小车触摸屏上的“关闭”按钮。

(二)实施步骤

1 准备工作

(1)巡线道路。

确认巡线道路已平铺在地上，线路图上没有遮挡物。

(2)红绿灯设备。

确认可被识别的红绿灯设备已就位。

2. 接入步骤

(1)在功能选择界面中，点击“测试模式”图标，如图 7-5 所示。

(2)进入测试模式后，点击“信号巡线二”图标，如图 7-6 所示。

图 7-5　智能小车测试模式进入方式图

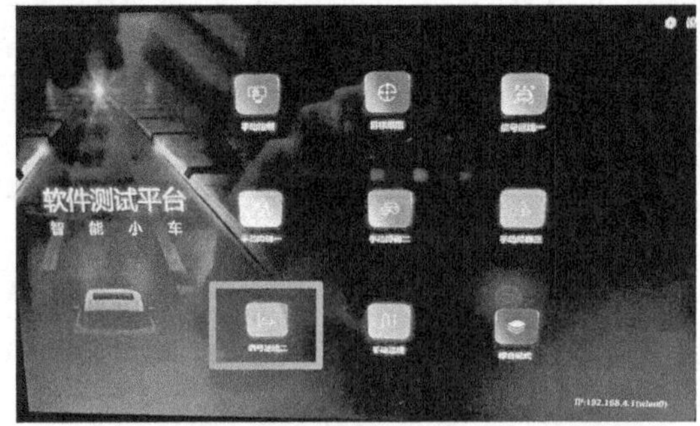

图 7-6　启动智能巡线(模式二)应用

(3)被测应用“信号巡线二”成功启动后，智能小车屏幕会显示摄像头拍摄的画面，如图 7-7 所示。

图 7-7　智能小车摄像屏幕显示拍摄画面

至此,小车智能巡线应用启动成功,可开始执行测试。

习题

一、单选题

1. 用例的名称通常采用(　　)格式。

A. 动作-结果　　B. 动作-对象　　C. 对象-动作　　D. 结果-动作

2. 在用例规格说明书中,描述用例执行完成后系统应达到的状态的部分被称为(　　)。

A. 前置条件　　B. 后置条件　　C. 触发事件　　D. 主成功场景

3. 用例测试技术中,基本流的目的是(　　)。

A. 验证系统的异常处理能力

B. 覆盖所有的用例场景

C. 模拟用户操作软件中出现的主要错误

D. 模拟用户按照正确的业务流程实现的操作路径

4. 在用例测试技术中,备选流用来模拟(　　)。

A. 功能的正确性　　B. 系统的正常操作流程

C. 用户操作软件中出现的主要错误　　D. 系统的所有可能操作

5. 为了避免备选流的缺陷屏蔽现象,每个用例场景应该(　　)。

A. 只出现一个备选流　　B. 至少包括两个备选流

C. 覆盖所有基本流和备选流　　D. 不包括任何备选流

6. 在设计最精简的测试套件时,可以合并多个备选行为到一个测试用例中,前提是(　　)。

A. 它们是互斥的　　B. 它们可以相互覆盖

C. 它们可以相互兼容　　D. 它们是独立的

7. 使用用例测试技术的目的之一是(　　)。

A. 串起孤立的功能点　　B. 发现更多的细节缺陷

C. 减少测试用例的数量　　D. 增加测试的难度

8. 用例测试技术特别适用于(　　)。

A. 性能测试　　B. 兼容性测试　　C. 安全性测试　　D. 验收测试

二、多选题

1. 用例图中包含的元素有(　　)。

A. 参与者　　B. 用例　　C. 关联　　D. 系统

2. 用例图的“包含”关系和“扩展”关系的区别在于(　　)。

A. “包含”关系中,执行基础用例就一定会执行包含用例

B. “扩展”关系中,扩展用例的执行是可选的

C. “包含”和“扩展”关系都是可选的

D. “包含”和“扩展”关系都是必须执行的

3. 用例测试技术中,正确的情况有(　　)。

A. 基本流要保证有一个单独的用例场景

B. 每个用例场景有且只有一个备选流

C. 备选流可以独立于基本流存在

D. 相互依赖的备选流可以在同一用例场景中出现

4. 用例测试技术的目的包括(　　)。

A. 从用户角度分析软件系统的功能点　　B. 模拟用户与系统的交互

C. 验证软件业务流程和逻辑　　D. 提高测试效率

5. 用例测试技术中,覆盖率的计算需要的数据有(　　)。

A. 测试用例的设计时间　　B. 测试用例的执行时间

C. 已被执行的用例场景数量　　D. 可执行用例场景的总数

6. 用例测试技术适用于(　　)。

A. 性能测试　　B. 集成测试　　C. 系统测试　　D. 验收测试

三、判断题

1. 用例规格说明书中的“参与者”定义了与用例交互的个体或系统。　(　　)

2. 用例测试技术可以不覆盖所有的基本流和备选流。　(　　)

3. 用例测试技术中,每个基本流都需要一个单独的测试用例来覆盖。　(　　)

4. 用例测试技术中,设计测试用例时不需要考虑测试用例的可执行性。　(　　)

5. 用例测试技术不适用于由用户/客户参与的验收测试。　(　　)

四、填空题

1. 用例图是一种 UML 图表,它以图形化的方式更直观地表示________和系统之间的

交互。

2. 用例测试技术可以避免测试人员陷入只关注________而忽视________的误区。

3. 用例测试技术强调从用户的角度出发，关注系统的功能点和业务流程，而不是系统的________实现。

4. 在使用用例测试技术进行测试时，测试人员应当关注系统如何处理异常和边缘情况，这通常涉及设计包含________的测试场景。

学习任务八

基于经验的测试技术与测试运用

学习目标

❖ 知识目标

1. 了解基于经验的测试技术的含义；
2. 了解错误推测法的含义和基本思想；
3. 了解探索性测试的含义和分类；
4. 理解错误推测法和探索性测试的优缺点及适用场景；
5. 掌握错误推测法和探索性测试的常用方法。

❖ 技能目标

1. 能根据软件特性和测试需求选择合适的测试方法；
2. 能利用错误推测法和探索性测试设计和执行测试；
3. 能记录和分析测试过程中发现的问题,并提出改进意见；
4. 能持续学习和适应新的测试理念和技术。

❖ 素质目标

1. 通过对系统深入的探索性测试,培养创造性思维和快速适应能力；
2. 通过识别软件功能、性能等方面的缺陷和风险点,培养批判性分析能力；
3. 通过小组分工协作,培养沟通能力和团队协作能力。

学习情境

某汽车公司正在研发一款新的智能汽车,为了应对智能巡线时的意外状况,该款车型增加了手动行驶与智能巡线切换功能。目前该功能已基本开发完成,在进行实车测试前,为了进行功能验证,该公司开发了智能小车进行实车模拟实验。

你被安排完成本次开发的手动行驶与智能巡线切换功能测试,并提交以下功能测试工作产品：

(1)设计测试用例(使用基于经验的测试技术)。

(2)执行测试(提交缺陷报告)。

注意:在工作过程中需遵守功能测试规范及安全实验标准。

思维导图

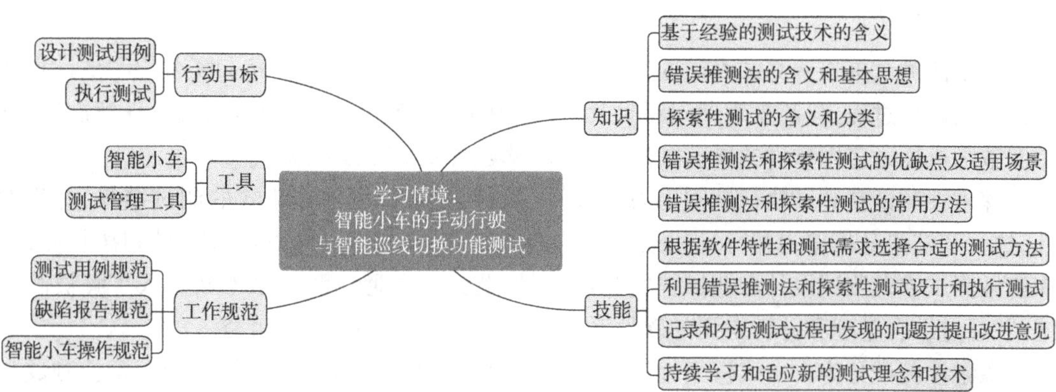

一 相关知识

基于经验的测试技术的原理与应用①

(一)基于经验的测试技术

基于经验的测试技术,顾名思义,是一种依赖测试人员的直觉和经验的一种测试技术。在采用基于经验的测试技术时,测试用例的设计会带有一定的随机性。测试人员往往会根据他们在类似应用或领域的知识和经验,自由、灵活地进行测试。

采用基于经验的测试技术,有助于识别一些其他系统化技术无法轻易识别的问题,此技术实现的覆盖率和有效性会因测试人员的不同而产生较大的差异。同时,往往很难评估和度量基于经验的测试技术的覆盖率。

通常在完成了系统化测试后,会使用基于经验的测试技术查找那些难以用系统化测试方法发现的缺陷。此外,在测试依据文档不全、模糊,甚至缺失,或者测试时间不足、进度紧张的情况下,基于经验的测试技术将是一种比较适合的测试策略。

错误推测法和探索性测试是两种重要的基于经验的测试技术。

(二)错误推测法

错误推测法是测试人员根据经验或直觉推测程序中可能存在的各种错误,从而有针对性地检查验证这些错误的方法。错误推测法的基本思想是,基于测试人员的知识和经验,列举出程序中所有可能存在的错误和容易发生错误的特殊情况,根据它们选择设计测试用例,具体包括:

(1)应用软件在过去是如何工作的。

(2)开发人员倾向于犯什么样的错误。

(3)其他应用软件中已经发生的失效。

错误推测法的一种系统化途径是构建一个可能的错误、缺陷和失效列表，并据此设计测试以发现失效以及导致失效的缺陷。列表的构建可以基于经验、缺陷和失效数据，也可以建立在对软件失败原因的常识基础上。

（三）探索性测试

探索性测试更强调测试人员的个人自由、主观能动性和职责，摒弃了繁杂的测试计划和测试用例设计过程，强调在碰到问题时及时调整测试策略。它允许测试人员以任意次序、任意次数随机探索应用软件的所有功能，而不预设必须覆盖的功能范围。

探索性测试在测试执行期间动态地设计、执行、记录和评估非正式的测试结果，并将设计、执行和结果分析作为并行且相互支持的测试活动。也就是，同时设计测试和执行测试。探索性测试强调测试设计和测试执行的同时性，测试人员通过测试来不断深入了解被测系统，并通过综合整理和分析得到的软件系统信息，创造出更多的测试策略。

探索性测试分为自由式探索性测试、基于场景的探索性测试、基于策略的探索性测试和基于反馈的探索性测试，有时也会使用基于会话的测试来构建测试活动。在基于会话的测试中，探索性测试是在规定的时间内进行的，测试人员使用包含测试目标的测试章程来指导测试。测试人员可使用测试会话表记录操作步骤和发现。

探索性测试的测试结果一般不容易度量，该测试的目的更多是为了了解组件或系统，并为可能需要更多测试的区域创建测试。

（四）错误推测法和探索性测试的优缺点及适用场景

1.错误推测法

（1）优点。

①充分利用测试人员的直觉和经验。

②集思广益，汇集多个测试人员的经验和想法。

③方便使用，不需要复杂的工具或技术支持。

④有助于提高测试效率。

（2）缺点。

①很难准确评估测试的覆盖率。

②可能会忽略一些不常见但可能发生的错误情况。

③测试设计带有主观性且难以复制。

④只能作为其他测试方法的补充，不能单独用来设计测试用例。

（3）适用场景。

错误推测法的使用效果会因测试人员的不同而产生较大差异。有经验的测试人员可以发现很多用常规测试方法难以发现的问题；而经验不足或能力不足的测试人员很难用好这一方法。

当项目时间比较紧迫，团队内又有类似项目经验的成员时，就可以提取当前项目中核心模块（出现问题较多）进行测试验证。同时，在软件版本管理过程中，要注意建立好版本常见

或典型测试问题集,定期分享推广,从而快速增长测试人员发现问题的经验和提升测试人员发现问题的能力。

2. 探索性测试

(1)优点。

①有助于找到新的、未知的缺陷。

②允许测试人员花费较多的时间去测试一些有趣或复杂的状况。

③可快速地对被测软件系统作出评估。

④可变通,有弹性。

(2)缺点。

①无法对系统作全面性的测试。

②提供有限的测试可信度。

③非常依靠测试人员的领域知识以及技术。

④无法保证最重要的软件错误一定被发现。

⑤并不适用于要执行很久的测试(如要执行一整晚的测试)。

(3)适用场景。

探索性测试可用于以下场景:

①当测试人员是新手时,可以一边训练一边测试。

②需要快速对测试对象进行评估。

③在传统的测试脚本中发现新的问题需要快速验证。

④当有需要去确认另一位测试人员的工作状况时。

⑤当团队内有熟悉相关领域知识的测试人员时。

⑥当需要做冒烟测试时。

⑦当测试对象设计完成后,没有预先规划并准备好测试脚本时。

⑧当项目采用敏捷软件开发过程时。

⑨当测试对象很复杂并且难以理解时。

⑩当测试对象的规格说明很少或不充分时。

⑪当想要针对某个软件缺陷进行深入调查时。

⑫当测试对象尚未稳定到可以执行脚本测试时。

⑬当想要扩大脚本测试的多样性时。

⑭当测试时间紧迫时。

基于经验的测试技术的原理与应用②

(五)错误推测法的常用方法

1. 极限值设计

考虑数值最大、最小、为空、为0等情况。

2. 特殊取值设计

对于年、月、日情况,必须考虑30天、31天的取值,以及2月有28天、29天的取值;在模糊查询中,应考虑“%”“?”等特殊字符取值情况,因为这些字符在SQL中有特定含义;其他取值包括 NULL、1024、False(0)、True(1)、特殊字符集(! @#$)等。

3. 端到端用例设计

除了按特性或功能进行测试用例设计外,还应考虑到端到端的测试用例,因为这类用例能更全面地揭示潜在问题。

4. 安全角度考虑

是否考虑了不同用户的权限使用情况;日志中是否明显显示用户隐私信息;用户登录是否设立安全校验机制(如连续 3 次输错密码锁定账户、验证码登录)等。

5. 用户体验

用户提示信息描述是否清晰合理;搜索出现单条记录是否默认选中;交互次数是否过多;界面操作是否简洁明了;新增菜单风格是否与已有菜单保持一致等。

6. 功能实现与规格描述是否一致

是否存在规格中描述了但实际缺失的,或者规格中未描述但存在多于交付特性的功能。

7. 隐含功能测试考虑

比如历史订单查询功能,客户通常仅会要求输入条件和查询方式,对一些隐含功能如查询结果的分页、跳转、单页默认显示数量等内容并未具体要求,测试时必须考虑这些功能。

8. 开发人员差异考虑

同样的功能会因为开发人员的能力、态度、自验证程度的不同而产生不同的缺陷,特别要注意新手或自验证随意的开发人员。

(六)探索性测试的常用方法

1. 取消测试法

启动某项任务后又立即停止,特别是一些运行流程比较耗时的功能,以检测数据未完成前被中断、资源释放处理不足的缺陷风险。如在聊天窗口传送一个非常大的文件,在传送过程中进行取消操作,然后查看内存和相关功能是否保持稳定。

2. 通宵测试法

连续不断地使用某种特性或将文件一直保持打开的状态,让某些特性的运行时间保持特别长,以检测软件系统的持续运行能力。如在编辑商品页面进行长时间的修改但不保存,保持该窗口一个晚上不关闭,然后查看页面的反应情况或 JavaScript 的加载情况。

3. 测一送一法

同时打开同一条记录或者数据执行操作,以检测软件系统的并发处理能力。如输入同一个会员名后同时进行注册操作,或多个用户同时编辑同一个商品等。

4. 强迫症测试法

一遍又一遍地输入同样的数据,反复执行同样的操作,以检测软件系统处理重复输入的能力。如重复地编辑某个商品的同一个字符、重复地使用相同的账号和密码进行登录操作等。

5. 极限测试法

向软件提出难以回答的问题，如：最大可以发挥到什么程度、承受多少用户、承载多少数据？哪个特性或功能会把软件逼到极限运作？哪些输入和数据会消耗软件最多的计算能力？哪些输入可能绕过它的错误检测？以购物功能为例，如果加入500个商品到购物车会怎么样？如果购物车的总价格超过100万元会怎么样？

6. 破坏测试法

人为创建恶劣的运行环境(如内存不足、无权限、断网等)，试图破坏产品，以检测软件系统的可靠性和容错性。如在内存较小的机器上安装某应用，然后在该应用上同时开启100个以上的聊天窗口，观察聊天记录的显示是否受影响，或者客户端是否会崩溃。

7. 懒汉测试法

做尽量少的输入或操作流程，如接受所有的默认值、保持某些字段为空、不点击相关操作按钮等，以检测软件系统处理默认值的能力。如访问某系统，模拟用户不输入任何信息，使用默认值执行提交操作。

8. 超模测试法

只关心产品的界面显示，测试用户界面上的各种元素，如用户友好性、美观度、性能等，以检测软件系统的用户体验和易用性。如查看系统界面的配色、风格是否美观，查看页面的布局是否符合用户习惯，查看提示信息是否明确合理、有无错别字等。

9. 恶邻测试法

找到那些缺陷数目较多的功能特性，并对邻近功能进行重点测试。由于缺陷通常聚集出现，因此缺陷多的地方值得反复测试。恶邻测试法有助于提高产品整体功能的正确性，也降低了软件质量上的风险。

10. 卖点测试法

找到本产品最吸引用户的功能或特性，按照产品演示步骤来测试特性，以评估产品的“卖点”是否真正能帮助用户完成任务。卖点测试法让测试人员专注于核心用户场景，将测试资源投入在用户最常用的功能和操作上，有助于提高核心功能的稳定性。

二 任务实施

(一)工作原理和方法

完成本学习情境的功能测试任务，需要用到智能小车。

(1)智能小车键盘接入方法详见任务一。

(2)智能小车巡线功能介绍详见任务三。

(3)手动行驶/智能巡线切换功能。

为了应对智能巡线时的意外状况，智能小车巡线功能与手动行驶功能可以手动切换。

在智能小车巡线时，可以接入计算机并通过键盘来控制智能小车行驶的方向及速度，具体控制方法参照任务一“手动控制功能”。

如果想要切换回巡线模式,需要在智能小车屏幕上点击“巡线”图标,如图8-1所示。

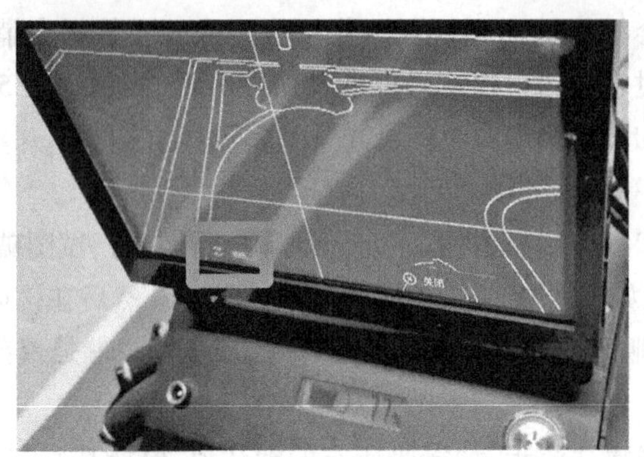

图8-1　手动行驶切换回巡线模式

(二)实施步骤

智能小车巡线功能启动方法详见任务三。

习题

一、单选题

1. 基于经验的测试技术主要依赖于(　　)。

A. 测试工具　　B. 测试自动化

C. 测试人员的直觉和经验　　D. 测试文档的完整性

2. 基于经验的测试技术的一个主要优点是(　　)。

A. 易于度量和评估覆盖率

B. 测试用例设计非常系统化

C. 测试过程高度标准化

D. 能够识别系统化测试技术难以发现的问题

3. 错误推测法的基本思想是(　　)。

A. 基于测试人员的知识和经验列举可能的错误

B. 随机设计测试用例

C. 只依赖自动化测试工具

D. 完全按照需求文档设计测试用例

4. 在错误推测法中,测试人员会考虑的因素有(　　)。

A. 应用软件在过去如何工作　　B. 开发人员的错误倾向

C. 其他应用软件中已经发生的失效　　D. 以上所有因素

5. 探索性测试允许对应用软件的所有功能进行随机探测的条件是(　　)。

A. 必须按照既定顺序　　B. 必须使用固定次数

C. 只探测关键功能　　D. 以任意次序、任意次数

6. 探索性测试的优点之一是(　　)。
   A. 可以保证最重要的软件错误一定被发现
   B. 有助于找到新的、未知的缺陷
   C. 提供无限的测试可信度
   D. 可以全面覆盖所有测试场景
7. 探索性测试不适用的场景有(　　)。
   A. 当测试人员是新手时
   B. 当测试对象设计完成后,没有预先规划并准备好测试脚本时
   C. 当想要扩大脚本测试的多样性时
   D. 需要执行很久的测试(如要执行一整晚的测试)

二、多选题

1. 基于经验的测试技术可能带来的优势包括(　　)。
   A. 发现独特的缺陷　B. 适应性更强　C. 灵活性更高　D. 测试成本更低
2. 探索性测试的类型包括(　　)。
   A. 自由式探索性测试　B. 基于场景的探索性测试
   C. 基于策略的探索性测试　D. 基于反馈的探索性测试
3. 错误推测法的优点包括(　　)。
   A. 可以保证最重要的软件错误一定被发现
   B. 集思广益,汇集多个测试人员的经验和想法
   C. 方便使用,不需要复杂的工具或技术支持
   D. 充分利用测试人员的直觉和经验
4. 错误推测法的适用场景包括(　　)。
   A. 项目时间比较紧迫　B. 测试人员经验不足
   C. 团队内有类似项目经验的成员　D. 需要建立好版本常见或典型测试问题集
5. 探索性测试的适用场景包括(　　)。
   A. 当测试对象的规格说明很少或不充分时
   B. 当想要针对某个软件缺陷进行深入调查时
   C. 当测试对象尚未稳定到可以执行脚本测试时
   D. 当项目采用敏捷软件开发过程时

三、判断题

1. 基于经验的测试技术总是比系统化测试技术更有效。(　　)
2. 基于经验的测试技术可以用于补充系统化测试,以发现可能遗漏的问题。(　　)
3. 基于经验的测试技术不需要测试人员具备任何专业知识或经验。(　　)
4. 探索性测试是一种完全随机的测试方法,不需要任何计划或策略。(　　)
5. 探索性测试不强调测试设计和测试执行的同时性。(　　)
6. 探索性测试不适用于当测试对象的规格说明很少或不充分时。(　　)
7. 探索性测试允许测试人员花费较多的时间去测试一些有趣或复杂的状况。(　　)

四、填空题

1. 错误推测法是一种基于________的测试技术。

2. 错误推测法中，测试人员会基于开发人员倾向于犯什么样的________来设计测试用例。

3. 错误推测法的系统化方法之一是创建一个可能的________、________和________列表。

4. 探索性测试的一个缺点是提供________的测试可信度。

学习任务九

功能测试方法综合运用

学习目标

1. 能根据软件产品需求描述选择合适的测试技术；

2. 能制订详细的测试计划，包括测试目标、测试范围、测试资源、测试进度和风险评估等；

3. 能对软件产品进行深入的测试分析，识别潜在的问题；

4. 能根据规范编写清晰、准确、可执行的测试用例，确保测试用例能全面覆盖功能点；

5. 能按照测试计划和测试用例执行测试活动，准确记录测试结果，确保测试数据的完整性和可追溯性；

6. 能根据测试结果编写完整的测试报告，包括用例汇总、测试进度回顾、功能测试回顾、缺陷汇总、测试结论等。

学习情境

某汽车公司正在研发一款新的智能汽车，该款车型集成了在红绿灯控制下的自动避障和智能巡线功能，为了应对智能巡线时的意外状况，智能小车可以切换回手动行驶模式。目前该综合功能已基本开发完成，在进行实车测试前，为了进行功能验证，该公司开发了智能小车进行实车模拟实验。

你被安排完成本次开发的综合功能测试，并提交以下功能测试工作产品：

(1)设计测试用例(不限定测试技术)。

(2)执行测试(提交缺陷报告)。

注意：在工作过程中需遵守功能测试规范及安全实验标准。

测试步骤

1. 准备工作

(1)巡线道路。

确认巡线道路已平铺在地上，线路图上没有遮挡物。

(2)红绿灯设备。

确认可被识别的红绿灯设备已就位。

(3)障碍物。

确认障碍物已放置完毕。

注意:在当前版本中,智能小车仅能识别停字牌。

2.接入步骤

(1)在功能选择界面中,点击“测试模式”图标,如图9-1所示。

(2)进入测试模式后,点击“综合模式”图标,如图9-2所示。

图9-1 智能小车测试模式进入方式图

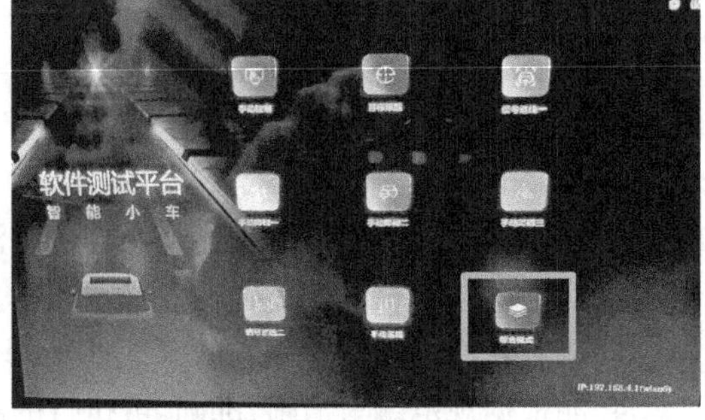

图9-2 启动综合模式应用

(3)被测应用“综合模式”成功启动后,智能小车屏幕会显示摄像头拍摄的画面,如图9-3所示。

图9-3 智能小车摄像屏幕显示拍摄画面

至此,智能小车综合模式应用启动成功。

参 考 文 献

[1] 朱少民. 全程软件测试[M]. 3 版. 北京:人民邮电出版社,2020.
[2] 朱少民. 软件测试方法和技术[M]. 4 版. 北京:清华大学出版社,2022.
[3] 赵恒,邹香玲,邹丽霞. 软件测试技术[M]. 北京:中国铁道出版社,2024.
[4] 孙志安,李源,韩启龙,等. 软件测试:实践者方法[M]. 北京:电子工业出版社,2024.
[5] 肖利琼. 软件测试之困:测试工程化实践之路[M]. 北京:人民邮电出版社,2023.
[6] 傅兵. 软件测试技术教程[M]. 4 版. 北京:清华大学出版社,2023.
[7] 黑马程序员. 软件测试[M]. 2 版. 北京:人民邮电出版社,2023.

参考文献

[1] [illegible],2020.

[2] [illegible],2022.

[3] [illegible],2024.

[4] [illegible]

[5] [illegible],2023.

[6] [illegible],2023.

[7] [illegible],2021.